電子伝導の物理

東京大学名誉教授
理学博士

田沼静一 著

裳華房

PHYSICS OF ELECTRON CONDUCTION

by

Sei-ichi TANUMA, DR. SC.

SHOKABO

TOKYO

はしがき

　筆者は，東京大学物性研究所で極低温部門を担当していた．極低温といっても伝導あり，磁性あり，冷凍ありなど広いものである．その中でも伝導，特に電子伝導の極低温分野を研究していたため，本書は低温における電気伝導を中心に記した．伝導には電子伝導とイオン伝導があるが，多くの固体では電子伝導が主であり，本書では電子伝導について述べた．

　第1章は電子の波が重畳して合成波となり，その波束が1個の電子に対応すること，エネルギーバンド，フェルミ面，ブリルアン・ゾーンなどについて述べる．第2章ではエネルギーバンド，フェルミ面の構成，正孔の概念，フォノン，サイクロトロン共鳴，ド・ハース−ファン・アルフェン効果などについて解説する．第3章では原子価によるフェルミ面の種々相について述べる．第4章では，半導体における伝導について述べる．第5章では磁気貫通という現象について，第6章では電子の多体効果について述べる．第7章は電気伝導度を論じ，磁性不純物の近藤効果に及ぶ．第8章では種々の電子相転移，特に超伝導について述べ，第9章ではメゾスコピック系の伝導について述べる．

　以上，第1章から第9章までで電子伝導の全般に及んだつもりであるが，筆者は実験家であって理論家ではないので，十分に意を尽くせなかったことを恐れる．間違いがあればご叱正願いたい．

　原稿は東京大学物性研究所教授の家 泰弘氏に詳しく見て頂いた．家氏に深甚の感謝を捧げる．裳華房企画・編集部の小野達也氏には細かいところまで検討して頂き，深くお世話になった．出版はひとえに小野氏のご尽力によ

るものである．氏に深く感謝するものである．原稿の清書・点検については筆者の次男 素哉に世話になった．感謝の意を表する．

    2007 年秋　　東逗子の自宅にて

田　沼　静　一

 本書をご執筆された田沼静一先生は，2007 年 10 月 2 日の早朝に急逝されました．本書は先生が，東京大学物性研究所・群馬大学・いわき明星大学を通じてライフワークとされた，金属および半導体の極低温電子伝導のご研究を踏まえて，ここ数年執筆されていたものです．急逝される前日も楽しそうに校正に取り組まれていたとのことですが，ご自身の目でその完成を見届けることは残念ながら叶いませんでした．

 奥様の田沼時代様，ご子息の田沼素哉様とご相談の上，裳華房の小野達也氏に協力して，田沼先生が残された原稿の校正を行ないましたが，修正は用語の統一や意味の通りにくい箇所の補足など必要最小限に留め，先生の語り口をできるだけ残すようにしています．

 本書の刊行を彼岸の田沼先生にご報告するとともに，ご冥福をお祈り致します．

    2008 年 3 月

家　泰弘

目　　次

1.　1電子近似

- 1.1　ド・ブロイ波　*1*
- 1.2　自由電子と平面波　*2*
- 1.3　フェルミ面　*6*
- 1.4　ブラッグの関係と逆格子　*8*
- 1.5　ブリルアン・ゾーン　*11*

2.　固体のエネルギーバンド

- 2.1　エネルギー構造　*13*
- 2.2　フェルミ面の構成　*16*
- 2.3　有効質量　*19*
- 2.4　正孔　*21*
- 2.5　ブロッホの定理　*22*
- 2.6　サイクロトロン共鳴　*24*
- 2.7　伝導電子の磁場による量子化　*28*
- 2.8　伝導電子の磁性　*34*
  - 2.8.1　スピン常磁性 ― 金属の磁性 ―　*34*
  - 2.8.2　ランダウ反磁性　*36*
  - 2.8.3　ド・ハース-ファン・アルフェン効果　*40*
- 2.9　格子振動 ― フォノン ―　*49*
- 2.10　格子比熱と電子比熱　*52*

3. フェルミ面の種々相

- 3.1 1価金属　*57*
  - 3.1.1 アルカリ金属　*57*
  - 3.1.2 貴金属　*58*
- 3.2 2価金属　*58*
- 3.3 3価金属　*59*
- 3.4 4価の物質 ― 半金属と半導体 ―　*60*
- 3.5 5価の物質 ― 半金属 ―　*65*

4. 半導体

- 4.1 真性半導体　*69*
- 4.2 不純物半導体　*72*

5. 磁気抵抗と磁気貫通

- 5.1 磁気抵抗とホール効果　*75*
- 5.2 開いた軌道と磁気抵抗　*77*
- 5.3 磁気貫通　*81*

6. 多体効果

- 6.1 プラズマ振動　*85*
- 6.2 電子-電子散乱　*87*
- 6.3 フェルミ液体　*88*

7. 電気伝導

- 7.1 電気伝導度　*94*
- 7.2 近藤効果　*101*

8. 電子系の相転移

- 8.1 ボース-アインシュタイン凝縮　**103**
- 8.2 超伝導　**105**
- 8.3 BCS機構　**108**
- 8.4 第Ⅰ種超伝導体と第Ⅱ種超伝導体　**112**
- 8.5 コーン異常　**115**
- 8.6 パイエルス転移　**119**
- 8.7 電荷密度波とスピン密度波　**122**
- 8.8 モット転移とウィグナー結晶　**130**
- 8.9 アンダーソン転移　**132**

9. メゾスコピック系の物理

- 9.1 電気伝導度とスケール　**135**
- 9.2 金属リングのAB効果　**137**
- 9.3 AAS効果　**140**
- 9.4 磁気指紋と普遍的伝導度ゆらぎ　**141**
- 9.5 量子ポイントコンタクト　**142**

図を引用,参考にした書籍・文献　**144**
索　引　**145**

1
1電子近似

1.1 ド・ブロイ波

電子などの量子力学的粒子は波の性質も併せもち,運動量 $p = mv$ の粒子は波長 $\lambda = p/h$ の波としても振舞う(h はプランク定数).このような波を**ド・ブロイ**波という.波長 λ の逆数(に 2π を掛けたもの)を**波数**とよぶが,運動量 p,波長 λ,波数 k の関係は

$$p = \frac{h}{\lambda} = \hbar k \tag{1.1}$$

である.ここで $\hbar$ はプランク定数を 2π で割った量である.

運動エネルギー E は,

$$E = \frac{p^2}{2m} = \frac{\hbar^2}{2m}k^2 \tag{1.2}$$

と表され,E と k の関係を**分散関係**という.自由粒子の場合は (1.2) のように,運動エネルギーが波数 k の2乗に比例する.運動量や波数は大きさだけでなく,方向ももつベクトル量である.

1.2 自由電子と平面波

　原子が多数集まると**結晶**になる．結晶というのは，原子が規則正しく整列した状態である．規則正しいというのは，結晶の中の任意の部分をとると，それと同じ構造が周期的に繰り返されていることである．デタラメに集まるとそれは**アモルファス**（**非晶質**）で，結晶より高いエネルギーをもってしまう．原子の集まりを急激に冷やしたりするとアモルファスが生ずるが，熱平衡的に熱処理すると結晶が得られる．

　マクロスコピックな物質（多くは結晶）は金属と絶縁体に分かれる．金属は自由に動き回れる**伝導電子**を含み，絶縁体はそのような電子をもたない．この両者の違いについては後で述べるとして，まず金属の伝導電子の状態や挙動について述べる．

　結晶の原子配列は原子間の間隔がどこでも等しく，周期性をもっている．いま，簡単のため図 1.1 のように 1 次元で考えると，1 つの電子が感じる結晶のポテンシャル（正イオンによるクーロンポテンシャル）は図 1.1(a) のようになる．

　実際には，このポテンシャルは他の電子による遮蔽の効果（電子の電荷分布によって結晶のポテンシャルが部分的に打ち消される効果）で，ポテンシャルの凸凹が均されてこれよりも平坦になるので，これを図 1.1(b) のように簡単化してもよい．両端 ($x=0, L$) の外側は真空レベルであり，物質内部のエネルギーを基準とするとそこから測って V_0 の高さにあるものとする．真空レベルというのは，電子の波動関数 $\phi(x)$ が結晶の外に出て静止しているときのエネルギーである．

　電子が満たすべきシュレーディンガー方程式は，

1.2 自由電子と平面波

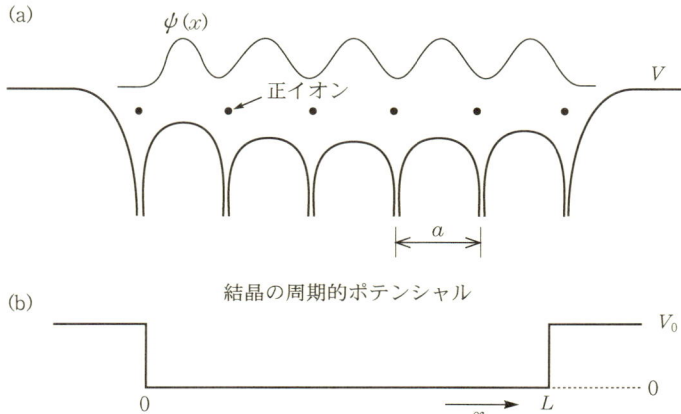

(a) 結晶の周期的ポテンシャル

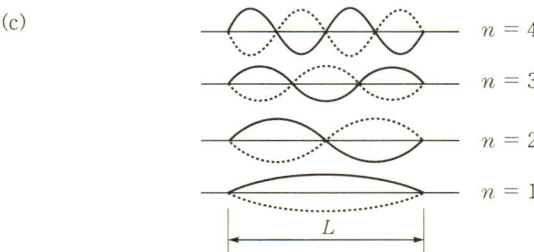

結晶のポテンシャルを均して，固体を電子を閉じ込める箱として近似したもの

(c) 箱型ポテンシャルの中の電子の波動関数

図 1.1

$$\left.\begin{array}{l} -\dfrac{\hbar^2}{2m}\dfrac{d^2}{dx^2}\psi(x) + V(x)\,\psi(x) = E\,\psi(x) \\[6pt] V(x) = \begin{cases} 0 & (0 < x < L) \\ V_0 & (x < 0 \text{ または } L < x) \end{cases} \end{array}\right\} \quad (1.3)$$

となる．この方程式の解は，ポテンシャル V_0 が無限に高く（$V_0 \to \infty$），電子波が完全に箱の中に閉じ込められているとして簡単化すると，

$$\phi(x) = \sqrt{\frac{2}{L}} \sin\left(\frac{\pi n x}{L}\right) \qquad (n = 1, 2, 3, \cdots) \tag{1.4}$$

となる．これは図 1.1(c) のように，波の半波長 1 つ，2 つ，… がちょうど箱の中に収まるような波であって，静止した定常波である．すなわち，波長 λ は $n\lambda/2 = L$ を満たす．エネルギーの固有値は，

$$E = \frac{\int \phi^* \left(-\frac{\hbar^2}{2m} \frac{d^2}{dx^2}\right) \phi \ dx}{\int \phi^* \phi \ dx} = \frac{\hbar^2}{2m} \left(\frac{n\pi}{L}\right)^2 = \frac{\hbar^2}{2m} k^2 \tag{1.5}$$

となり，k^2 に比例することがわかる．

3 次元の場合も同様にして，波動関数は

$$\phi(x, y, z) = \left(\frac{2}{L}\right)^{3/2} \sin\left(\frac{\pi n_x x}{L}\right) \sin\left(\frac{\pi n_y y}{L}\right) \sin\left(\frac{\pi n_z z}{L}\right) \tag{1.6}$$

$$E = \frac{\iiint \phi^* \left(-\frac{\hbar^2}{2m} \nabla^2 \phi\right) \ dx \ dy \ dz}{\iiint \phi^* \phi \ dx \ dy \ dz} = \frac{\hbar^2}{2m} \left(\frac{\pi}{L}\right)^2 (n_x^2 + n_y^2 + n_z^2)$$

$$= \frac{\hbar^2}{2m} |\boldsymbol{k}|^2 \tag{1.7}$$

となる．ここで $\nabla^2 = \partial^2/\partial x^2 + \partial^2/\partial y^2 + \partial^2/\partial z^2$，$n_x, n_y, n_z$ は正の整数であり，$\boldsymbol{k}$ は波数ベクトルとよばれる．

今までは箱型ポテンシャルについて述べたが，次に，より一般的な電子波について考えてみる．その場合には，波動関数 ϕ に L を周期として元に戻るという条件（周期的境界条件）

$$\phi(x + L, y, z) = \phi(x, y + L, z) = \phi(x, y, z + L) = \phi(x, y, z) \tag{1.8}$$

を課す．この場合の波動関数は次式の形になる．

$$\phi_{\boldsymbol{k}}(\boldsymbol{r}) = A e^{i\boldsymbol{k} \cdot \boldsymbol{r}} \qquad (A \text{ は任意定数}) \tag{1.9}$$

波数ベクトル $\boldsymbol{k}$ は周期的境界条件 $n\lambda = L$ を用いると，

1.2 自由電子と平面波

$$\boldsymbol{k} = (k_x, k_y, k_z) = \frac{2\pi}{L}(n_x, n_y, n_z) \qquad (1.10)$$

となる．ここで，波数は［1/長さ］の次元をもつ．波数ベクトル $\boldsymbol{k}$ と運動量 $\boldsymbol{p}$ の関係は，$\boldsymbol{p} = \hbar \boldsymbol{k}$ である．

(1.9) は波数ベクトル $\boldsymbol{k}$ をもって伝播する平面進行波，すなわち運動量 $\boldsymbol{p}$ をもって直線運動をする電子を表す．空間のある点 $\boldsymbol{r}$ における電子の存在確率は，

$$|\psi_k(\boldsymbol{r})|^2 = \psi_k^*(\boldsymbol{r})\,\psi_k(\boldsymbol{r}) = |A|^2 \qquad (1.11)$$

で与えられ，一定である．

電子は走り回っているのにどこでも一定の存在確率で表されるのは直観に反するように思われるかもしれないが，これはハイゼンベルクの不確定性原理を反映したものである．つまり波数ベクトル $\boldsymbol{k}$（運動量 $\boldsymbol{p}$）を確定したために，位置に関する不確定性が無限大となって，存在確率が場所に依らなくなっているのである．

電子波のうち波数の近いもの同士を重ね合わせると，図 1.2(a) のような波束すなわち**脈動波**（**パルス**）がつくられ，電子はある程度の範囲に存在することになる．つまり波数 k の値に幅 $\mathit{\Delta}k$ をもたせれば，位置の不確定性は $\mathit{\Delta}x \approx \hbar/\mathit{\Delta}k$ 程度となる，というわけである．

図 1.2(a) の波束が古典的な粒子描像に対応する．厳密にいえば，もともと周期関数を足し合わせたものだからパルスも周期的に現われるが，図 1.2(b) のようにパルスとパルスの間隔が十分長くて試料の長さより長けれ

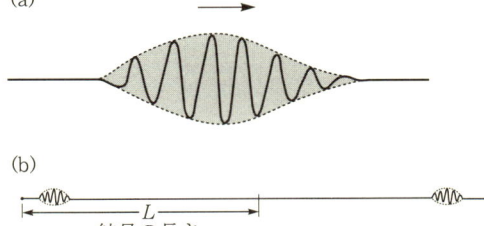

図 1.2 電子波の波束 繰り返し周期が十分長いと，粒子としての電子とみられる．

ば，パルスが1個の電子に対応したものとみることができよう．

1.3 フェルミ面

電子はフェルミ分布に従う素粒子である．フェルミ粒子の特性は，スピン量子数が半奇数であることである．電子のスピンの大きさは1/2であり，スピン量子数は±1/2の2つの値をとり得る．1つのエネルギー準位は，スピン1/2と－1/2の2個の電子まで占めることができる．

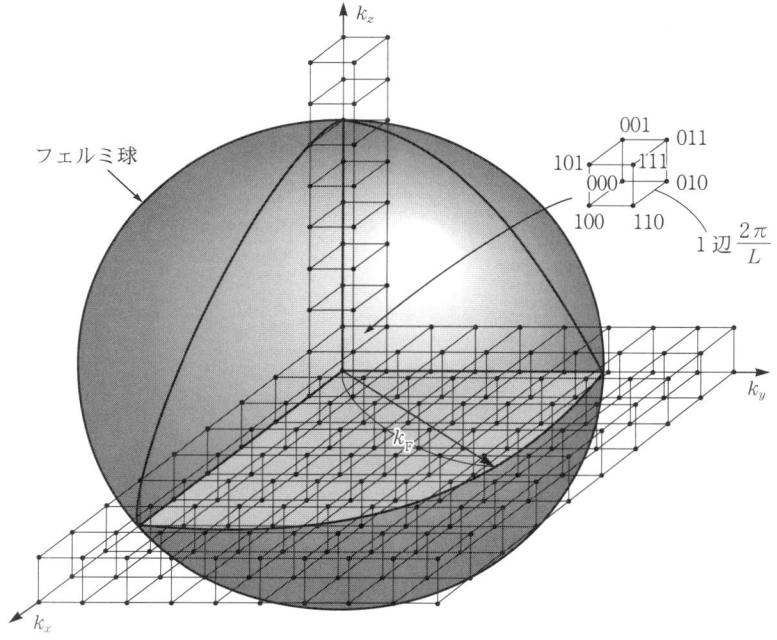

図1.3 フェルミ球の構成
電子のエネルギー値が，k_x, k_y, k_z の離散値で順々に埋められていくことによって得られる球体．1辺$2\pi/L$の1つの立方体に＋1/2，－1/2の異なるスピンをもつ2個の電子が収容される．この球の半径がフェルミ波数 k_F である．

1.3 フェルミ面

波数空間でエネルギーの低い方から順々に電子を詰めていくことを考える．図1.3のように (n_x, n_y, n_z) の整数に $(1,0,0)$, $(0,1,0)$, $(0,0,1)$ 等を入れて，1辺が $2\pi/L$ の角砂糖のような単位の積み重なりをつくる．それぞれの単位に2個の電子が収容される．金属1モルをとったとして，その中の原子数は 6.02×10^{23} 個もある．1価金属では各原子が1個の伝導電子をもつから，伝導電子の数は膨大なものである．電子が詰まる領域は，金属が異方性をもたないなら十分良い近似で球となる．これを**フェルミ球**といい，その半径 k_F を**フェルミ半径**という．

N 個の電子を収容するフェルミ球の体積を考えると

$$\frac{2 \frac{4\pi}{3} k_F^3}{\left(\frac{2\pi}{L}\right)^3} = N \tag{1.12}$$

となる．これを整理して

$$\frac{1}{3\pi^2} k_F^3 = \frac{N}{L^3} = n, \quad \therefore \quad k_F = \sqrt[3]{3\pi^2 n} \tag{1.13}$$

が得られる．

電子のエネルギーと波数の関係は (1.7) により，図1.4のような放物線となる．フェルミエネルギー E_F は (1.13) より

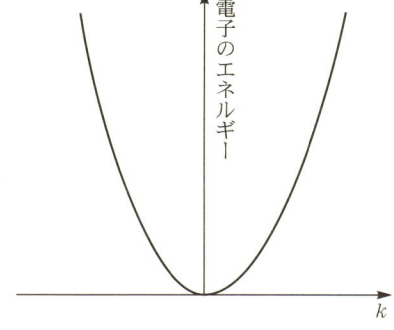

図1.4 自由電子のエネルギーと波数 k の関係

$$E_{\mathrm{F}} = \frac{\hbar^2 k_{\mathrm{F}}^2}{2m} = \frac{\hbar^2}{2m}(3\pi^2 n)^{2/3} \tag{1.14}$$

である.

後述するように,一般の金属では分散関係は単純な $E \propto k^2$ という関係から外れ,フェルミ面は複雑な形状をとる.金属というものの最も広い定義は,"フェルミ面をもつもの"というものであり,絶縁体や半導体にはフェルミ面がない.

1.4 ブラッグの関係と逆格子

周期的な構造による波の回折を考えよう.いま何枚かの互いに平行な半透明鏡があったとして,それにある角度で波長 λ の光が入ったとする.それぞれの鏡で反射光が生じ,それらが強め合うのは隣り合う鏡による光路差が λ の整数 (n) 倍のときである.その条件を式で表すと,

$$2d \sin \theta = n\lambda \tag{1.15}$$

である.ここに d は隣り合う鏡の間隔,θ は光の入射角及び反射角である.この関係を**ブラッグの関係**という(図 1.5).

結晶は原子が周期性をもって並んだものであり,原子の配列はいろいろな半透明の平面でおきかえることができ,(1.15) が成り立つ.結晶の面間隔

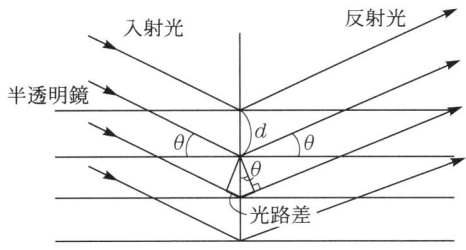

図 1.5 周期構造による光の反射

は1 nm 以下で，X線の波長程度である．波長 λ のX線を多結晶試料に入射すると，波長 λ と入射角 θ によって決まる いくつかの特定の角度において反射X線の強度がピークとなる．これらを (1.15) を用いて解析することにより，その結晶の構造が求められる．この意味でブラッグの関係は重要である．（多結晶を用いるのは，入射光に対して固定したある角度で観測する場合でも，ブラッグの関係を満たす角度の微結晶が必ず存在するようにするためである．）

ここで一つ注意しておくと，1枚の原子配列面に対して入射角と等しい反射角で反射するX線の波の強度は，入射するX線の1000分の1〜10万分の1である．これが半透明鏡といったゆえんである．実際にX線測定で十分な強度のブラッグ反射が得られるためには，1000枚〜10万枚の結晶面が必要である．微結晶といっても十分それくらいの枚数はあることが多い．

電子濃度 $n(\boldsymbol{r})$ は位置 $\boldsymbol{r}$ の周期関数で，結晶軸方向の単位ベクトルを $\boldsymbol{a}_1, \boldsymbol{a}_2, \boldsymbol{a}_3$ として，$\boldsymbol{a} = n_1\boldsymbol{a}_1 + n_2\boldsymbol{a}_2 + n_3\boldsymbol{a}_3$（$n_1 \sim n_3$ は係数）とすると次の関係がある．

$$n(\boldsymbol{r}) = n(\boldsymbol{r} + \boldsymbol{a}) \tag{1.16}$$

1次元の場合について，x 方向に周期 a をもつ関数 $n(x)$ を考え，これをフーリエ展開すると，

$$\begin{aligned} n(x) &= n(x + a) \\ &= n_0 + \sum_{p>0}\left[C_p \cos\left(\frac{2\pi p x}{a}\right) + S_p \sin\left(\frac{2\pi p x}{a}\right) \right] \\ &= \sum_G n_G e^{iGx} \end{aligned} \tag{1.17}$$

となる．ここで p は整数，$G = 2\pi p/a$ であり，$\sum_G$ は正負の G についての和を表す．

これを3次元に拡張すると，

$$n(\boldsymbol{r}) = \sum_G n_G e^{i\boldsymbol{G}\cdot\boldsymbol{r}} \tag{1.18}$$

となり，ここに登場した $\boldsymbol{G}$ は結晶の周期をもつ関数 $n(\boldsymbol{r})$ をフーリエ展開

した際に現れる波数成分であり，逆格子ベクトルとよばれる．G は，結晶に変化を与えないすべての格子並進操作に対して，(1.17) の 3 次元版が成立するという条件を反映したものである．(1.18) の逆変換は，

$$n_G = \frac{1}{V}\int d\bm{r}\ n(\bm{r})e^{-i\bm{G}\cdot\bm{r}} \tag{1.19}$$

であり，V は結晶の単位格子の体積である．

ここで**逆格子空間の単位ベクトル**を次のように定義しよう．

$$\left.\begin{array}{l}\bm{b}_1 = 2\pi\dfrac{\bm{a}_2\times\bm{a}_3}{\bm{a}_1\cdot(\bm{a}_2\times\bm{a}_3)}\\[4pt]\bm{b}_2 = 2\pi\dfrac{\bm{a}_3\times\bm{a}_1}{\bm{a}_1\cdot(\bm{a}_2\times\bm{a}_3)}\\[4pt]\bm{b}_3 = 2\pi\dfrac{\bm{a}_1\times\bm{a}_2}{\bm{a}_1\cdot(\bm{a}_2\times\bm{a}_3)}\end{array}\right\} \tag{1.20}$$

実格子の単位ベクトル $\bm{a}_1, \bm{a}_2, \bm{a}_3$ に対して，$\bm{b}_1, \bm{b}_2, \bm{b}_3$ は逆格子空間の単位ベクトルとよばれるものである．これを用いると一般の逆格子点の位置（逆格子ベクトル）は

$$\bm{G} = l\bm{b}_1 + m\bm{b}_2 + n\bm{b}_3 \tag{1.21}$$

で与えられる．ここで l, m, n は整数である．

逆格子は [1/長さ] の次元をもつことに注意しよう．実際に逆格子は波の方向と波数との空間だから，逆格子ベクトルは $2\pi \times$（波数）の意味をもつ．したがって，$n(\bm{r})$ は (1.18) で定義された逆格子ベクトルのところだけに $e^{i\bm{G}\cdot\bm{r}}$ の成分をもつ．

図 1.6 のように，$\bm{r}$ だけ離れた点からの散乱波間の位相差因子は，$\bm{k}$ と $\bm{k}'$ をそれぞれ入射波と反射波の波数ベクトルとすれば $e^{i(\bm{k}-\bm{k}')\cdot\bm{r}}$ で与えられる．図 1.7 のように $\bm{k} - \bm{k}' = \Delta\bm{k}$ と書くことにすると，散乱ベクトル $\Delta\bm{k}$ が逆格子ベクトルに等しいとき（$\Delta\bm{k} = \bm{G}$）に指数関数が 1 となる．$|\bm{k}'| = |\bm{k}|$ であるから，この条件は

$$(\bm{k} - \bm{G})^2 = \bm{k}^2, \quad \therefore\ 2\bm{k}\cdot\bm{G} = \bm{G}^2 \tag{1.22}$$

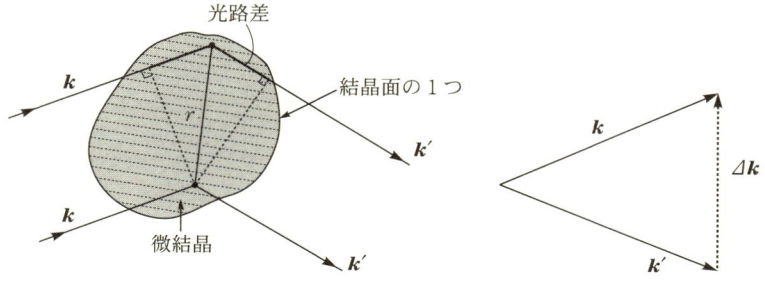

図1.6 r だけ離れた2つの点からの散乱波 k と k' はそれぞれ入射波と反射波の波数ベクトル

図1.7 Δk の定義

となる．この式はブラッグの関係（1.15）と同じである．上式の両辺を4で割ると，

$$k \cdot \frac{G}{2} = \left(\frac{G}{2}\right)^2 \tag{1.23}$$

と表すこともできる．これもブラッグの関係の一つの表現である．

1.5 ブリルアン・ゾーン

　ブリルアン・ゾーン（本書ではその頭文字をとってBZとも記する）は伝導電子物性でよく用いられる概念である．(1.23) は入射波の波数ベクトルが，波数空間における逆格子点に引いた波数ベクトルの垂直二等分面 $(1/2)G$ の上の，任意の点でブラッグ反射されることを意味している．その垂直二等分面は閉じた区域をつくるが，そのうち最も小さい区域を**第1ブリルアン・ゾーン**という．**第2ブリルアン・ゾーン**は，次に小さい区域から第1ブリルアン・ゾーンを差し引いた区域である．**第3ブリルアン・ゾーン**は，その次に小さい区域から第1，第2ゾーンを引いた区域である（以下同じ）．

　この面上で入射波はすべて反射される．一辺の長さが a の単純立方（sc）

格子の基本並進ベクトルは，

$$\left.\begin{array}{l} \boldsymbol{a}_1 = a\hat{x} \\ \boldsymbol{a}_2 = a\hat{y} \\ \boldsymbol{a}_3 = a\hat{z} \end{array}\right\} \quad (1.24)$$

である．ここで $\hat{x}, \hat{y}, \hat{z}$ は直交座標の単位ベクトルで，単位格子は a^3 の体積をもつ．逆格子ベクトルは，

$$\left.\begin{array}{l} \boldsymbol{b}_1 = \left(\dfrac{2\pi}{a}\right)\hat{x} \\ \boldsymbol{b}_2 = \left(\dfrac{2\pi}{a}\right)\hat{y} \\ \boldsymbol{b}_3 = \left(\dfrac{2\pi}{a}\right)\hat{z} \end{array}\right\}$$

(1.25)

となり，やはり単純立方格子である．

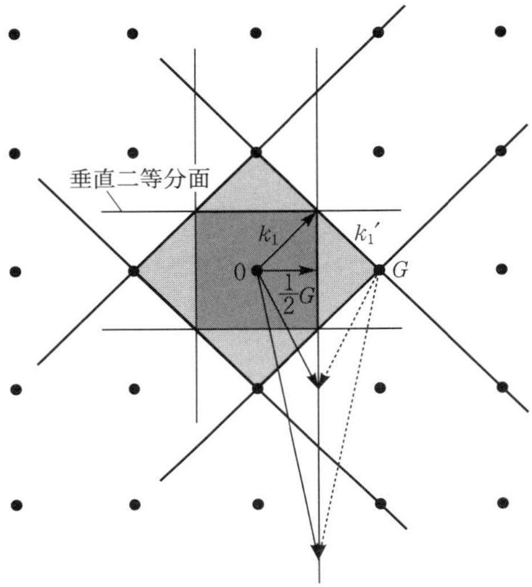

図 1.8 ブリルアン・ゾーンの図（2次元）
なお，濃く塗りつぶされた領域が第 1 ブリルアン・ゾーンであり，薄く塗りつぶされた領域が第 2 ブリルアン・ゾーンである．黒丸は波数空間の逆格子点．

体心立方格子の基本並進ベクトルは，

$$\boldsymbol{a}_1 = \dfrac{a}{2}(-\hat{x} + \hat{y} + \hat{z}), \quad \boldsymbol{a}_2 = \dfrac{a}{2}(\hat{x} - \hat{y} + \hat{z}), \quad \boldsymbol{a}_3 = \dfrac{a}{2}(\hat{x} + \hat{y} - \hat{z}) \quad (1.26)$$

で，基本単位格子の体積は次のようになる．

$$V = |\boldsymbol{a}_1 \cdot (\boldsymbol{a}_2 \times \boldsymbol{a}_3)| = \dfrac{3}{2}a^3 \quad (1.27)$$

面心立方格子の基本並進ベクトルは，

$$\boldsymbol{a}_1 = \dfrac{a}{2}(\hat{x} + \hat{y}), \quad \boldsymbol{a}_2 = \dfrac{a}{2}(\hat{y} + \hat{z}), \quad \boldsymbol{a}_3 = \dfrac{a}{2}(\hat{x} + \hat{z}) \quad (1.28)$$

である．ここでは説明を省略するが，面心立方格子の逆格子は体心立方格子であり，体心立方格子の逆格子は面心立方格子である．

2
固体のエネルギーバンド

2.1 エネルギー構造

　結晶中の電子のエネルギーと波数の関係 $\varepsilon(\boldsymbol{k})$ は，図1.4のような自由電子の場合とは異なる．$\varepsilon(\boldsymbol{k})$ がブリルアン・ゾーンの境に引っ掛かるところでは，ブラッグ反射による変形が起こる．1次元の場合について図2.1に示した．ブリルアン・ゾーンを横切るところでエネルギーの跳びが起こる．このエネルギーの跳びを**エネルギー・ギャップ**という．図の点Oから点Aまでは第1，その外は第2ブリルアン・ゾーンである．

　エネルギー・ギャップ端の波動関数がどうなるかを考えてみよう．1次元自由電子の分散関係および波動関数はそれぞれ

$$\varepsilon(k_x) = \frac{\hbar^2 k_x^2}{2m}, \quad k_x = \pm \frac{2\pi}{L} n_x \tag{2.1}$$

$$\psi_{k_x}(x) = \frac{1}{\sqrt{L}} e^{ik_x x} \tag{2.2}$$

である．自由電子に許されるエネルギーの幅はゼロから無限大まで連続している．(2.2)は進行波を表し，$\hbar k_x$ は運動量であって，k_x が大きいほどその電子は激しく動いている．1次元でのブラッグ条件は $(k_x \pm G)^2 = k_x^2$ であるから，次のようになる．

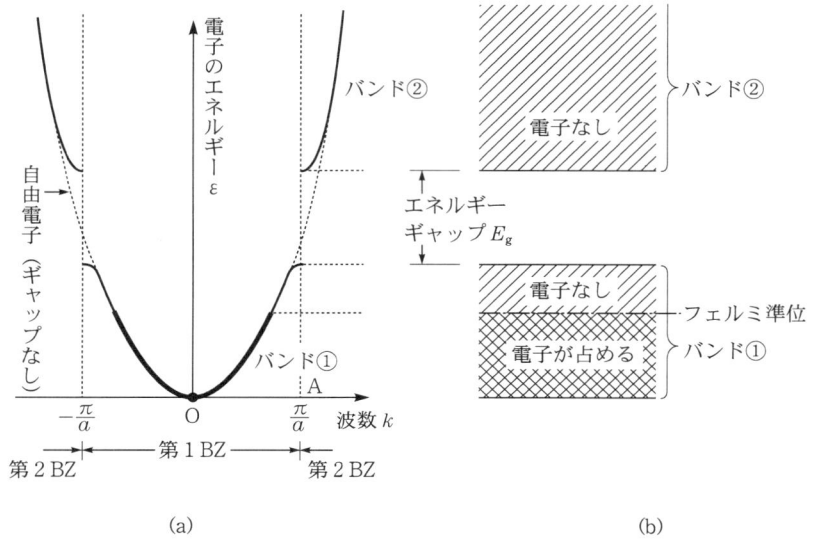

図 2.1 波数と電子のエネルギー
(a) 波数と電子のエネルギーの関係
(b) 簡単に描いたバンド図

$$k_x = \pm \frac{1}{2} G = \pm n\frac{\pi}{a} \tag{2.3}$$

ここに，n は整数で $n = 1$ は第1ブリルアン・ゾーンの境界，$n = 2$ は第2ブリルアン・ゾーンの境界を表す．

第1ブリルアン・ゾーン上の波動関数は，進行波 $\psi_{k_x}(x) \propto e^{\pm i\pi x/a}$ ではなく，それらの線形結合

$$\psi_-(x) \propto e^{i\pi x/a} + e^{-i\pi x/a} = 2\cos\left(\frac{\pi}{a}x\right) \tag{2.4}$$

$$\psi_+(x) \propto e^{i\pi x/a} - e^{-i\pi x/a} = 2\sin\left(\frac{\pi}{a}x\right) \tag{2.5}$$

となる．これらの2式で表される波動関数は図2.2のようなものである．$\psi_+(x)$ は正イオンのところで振幅が大きく，$\psi_-(x)$ は2つの正イオンの中間のところで振幅が大きい．$\psi_+(x)$ は確率密度 $|\psi_+(x)|^2$ が正負の電荷密度

2.1 エネルギー構造

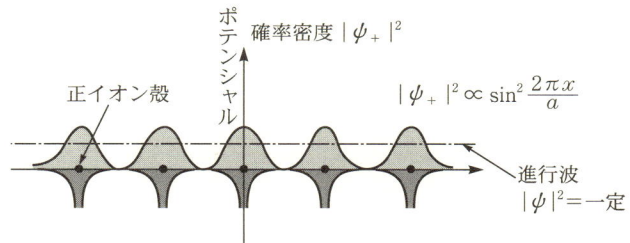

(a) エネルギー・ギャップの上の波動関数

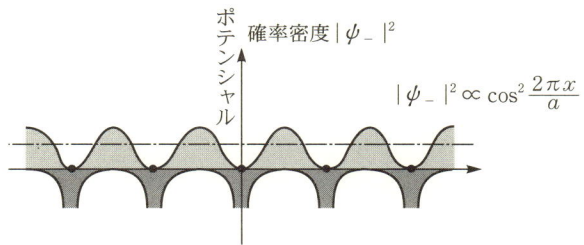

(b) エネルギー・ギャップの下の波動関数

図 2.2 エネルギー・ギャップの下と上の波動関数

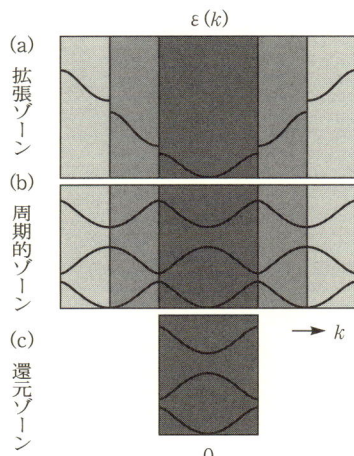

(a) 拡張ゾーン
(b) 周期的ゾーン
(c) 還元ゾーン

図 2.3 1次元格子のエネルギーバンドの3形式

が同じ場所で極大をもつ，つまり正負の電荷が同じ場所に集まっているのでエネルギーが低く，逆に $\psi_-(x)$ は正イオンのところで確率密度が極小になっているのでエネルギーが高い．両者の差がブリルアン・ゾーンの端におけるエネルギー・ギャップとなる．電子はエネルギー・ギャップの中のエネルギー値をとることはできない．

分散関係 $\varepsilon(\boldsymbol{k})$ は図 2.3(a) にあるように，ブリルアン・ゾーンの境界のところのエネルギー・ギャップによって分割された形になる．各々を**第 1，第 2，第 3 エネルギーバンド**という．このように完全放物面からずれた分散関係 $\varepsilon(\boldsymbol{k})$ を全体的に図示すれば，図 2.3(b) のようになる．(a) 拡張ゾーン，(b) 周期的ゾーン，(c) 還元ゾーン の 3 形式があるが，これらは逆格子ベクトルの分だけ，分散関係 $\varepsilon(\boldsymbol{k})$ を横にずらせることにより得られる．（電子のエネルギーは，逆格子ベクトルの分だけずらしても，どこでも不変である．）

2.2 フェルミ面の構成

フェルミエネルギーの位置によって，固体の伝導性がどのように変化するかを図 2.4 に示す．フェルミエネルギーが，エネルギー・ギャップの中に位置する図 2.4(a) のような場合は絶縁体ないしは半導体（真性半導体）である．フェルミエネルギーが，エネルギーバンドの中にある図 2.4(b) のような場合には金属となる．

半導体に不純物を添加することにより，フェルミエネルギーの位置を変化させることができる．図 2.4(c) は電子供与体（ドナー）を大量に加えた場合で，フェルミエネルギーはギャップの上端より上になり，系は n 型（電子型）縮退半導体となる．図 2.4(d) は電子受容体（アクセプター）を大量に加えた場合で，フェルミエネルギーはギャップの下端よりも下になり，系

2.2 フェルミ面の構成

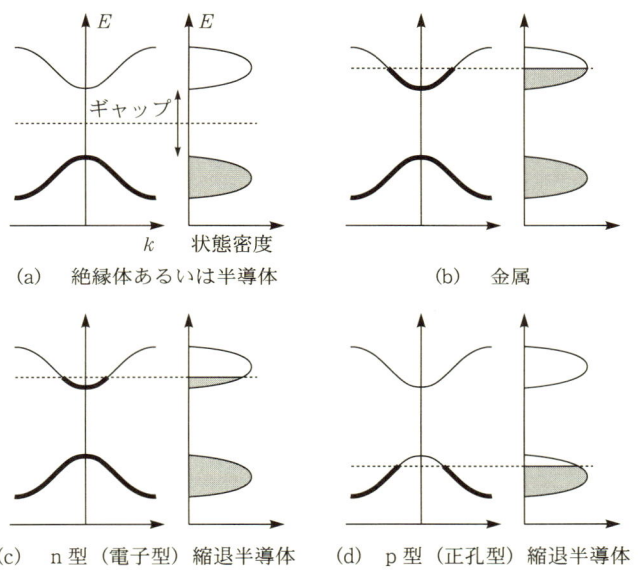

(a) 絶縁体あるいは半導体   (b) 金属

(c) n型(電子型)縮退半導体   (d) p型(正孔型)縮退半導体

図 2.4

はp型(正孔型)縮退半導体となる(正孔については2.4節で述べる).

不純物の量による変化をもう少し詳しくみると,図2.5(a)のように不純物濃度が低いうちは不純物準位は特定のエネルギーのデルタ関数である.不純物量が増すと不純物原子間の相互作用により,図2.5(b)のように不純物帯の状態密度が幅をもつ.不純物がさらに多くなると,ついには図2.5(c)

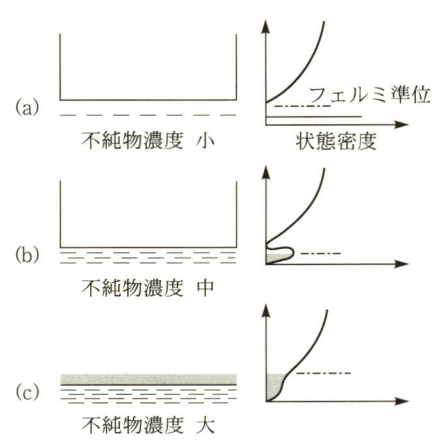

図 2.5 半導体の不純物濃度とフェルミ準位.右側の図の太い線は電子の状態密度を表す.

のようにバンド端と繋がってしまう．図2.4(c) や (d) の状況は**縮退半導体**とよばれる．

なお，ある結晶構造をもちながら電子に対するブラッグ反射が全然ないような仮想的結晶を**空格子**といい，図2.6に例示してある．そこでは，エネルギー・ギャップは生じず，ブリルアン・ゾーンは存在する．そのような空格子の考えに基づいて，自由電子のフェルミ球をブリルアン・ゾーンで切って疑似フェルミ面をつくることができる．このようなフェルミ面構築法は，フェルミ面に関する情報を与える実験との比較に便利なことが多い．

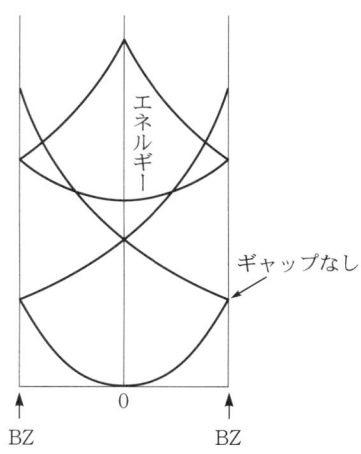

図2.6 空格子（還元ゾーン形式）

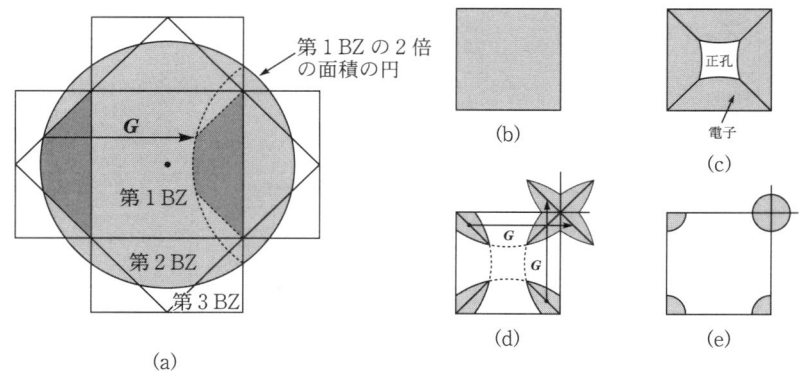

図2.7 BZ（ブリルアン・ゾーン）幅だけの移動による見やすいフェルミ面
 (a) 2次元正方晶の第1 BZ の面積の2倍の円（2価金属の場合に相当する）
 (b) 第1 BZ は完全に電子で埋まっている．
 (c) 第1 BZ に移動した第2 BZ 内の円による正孔フェルミ面
 (d) 第1 BZ に移動した第3 BZ 内の円による花弁状電子フェルミ面
 (e) 第1 BZ に移動した第4 BZ 内の円による小さな電子フェルミ面

実験との比較をわかりやすくするため,フェルミ面を逆格子ベクトル分だけ第1ブリルアン・ゾーンに移動して再構築すると都合がよいことがある. 図 2.7(a) は,2次元正方格子の第1ブリルアン・ゾーンから第4ブリルアン・ゾーンまでを描き,そこに第4ゾーンにまで またがる自由電子的フェルミ円を描いたものである.これを還元ゾーン形式にすると,図 2.7(b)〜(e) のようになる.第1ブリルアン・ゾーンは電子で埋め尽くされ(図 2.7(b)),第2ブリルアン・ゾーンには中央に四角糸巻き状の正孔フェルミ面(図 2.7(c))があり,第3ブリルアン・ゾーンの電子フェルミ面(図 2.7(d))は鋒先のようにきれぎれになっている.きれぎれは実験の解釈に不便なので周期的ゾーン形式を用いると,図の右上に示したようにまとまって十字形の4花弁のようになる.図 2.7(e) は第4ブリルアン・ゾーンの小さな電子フェルミ面である.

2.3 有効質量

電子の運動を考えるには平面波よりも,波数の近いもの同士の平面波の合成による波束を考える方が便利であるが,その運動方程式を導こう.外力 $\boldsymbol{F}$ がかかったときのニュートンの運動方程式 $d\boldsymbol{p}/dt = \boldsymbol{F}$ に相当するものは,

$$\hbar \frac{d\boldsymbol{k}}{dt} = \boldsymbol{F} \tag{2.6}$$

である.波束の移動速度を表す群速度は

$$\boldsymbol{v}(\boldsymbol{k}) = \frac{1}{\hbar} \frac{\partial \varepsilon(\boldsymbol{k})}{\partial \boldsymbol{k}} \tag{2.7}$$

で与えられる.自由電子の分散関係 $\varepsilon(\boldsymbol{k}) = \hbar^2 \boldsymbol{k}^2/2m$ を用いれば,

$$\boldsymbol{v}(\boldsymbol{k}) = \frac{\hbar \boldsymbol{k}}{m} = \frac{\boldsymbol{p}}{m} \tag{2.8}$$

という通常の関係が得られるが，一般の分散関係では (2.7) は (2.8) とは異なる関係を与える．エネルギーバンドの極小または極大の付近では，$\varepsilon(\boldsymbol{k})$ をその極値の周りで展開して，

$$\varepsilon(\boldsymbol{k}) = \varepsilon_0 + \frac{1}{2}\sum_{i,j}\frac{\partial^2\varepsilon(\boldsymbol{k})}{\partial k_i \partial k_j}k_i k_j + \cdots \tag{2.9}$$

とすることができる．右辺の第2項は波数 $\boldsymbol{k}$ の2次関数である．これを自由電子に対する $\varepsilon(\boldsymbol{k}) = \hbar^2 k^2/2m$ と比較すると

$$\left(\frac{1}{m^*}\right)_{ij} = \frac{1}{\hbar^2}\frac{\partial^2\varepsilon(\boldsymbol{k})}{\partial k_i \partial k_j} \tag{2.10}$$

が質量に対応することがわかる．この m^* が伝導電子の**有効質量**とよばれる量である．ただし，一般には $\boldsymbol{k}$ の方向によるのでテンソル量である．

図2.8(a) は，1次元で $\varepsilon(k) = -\varepsilon\cos(ka)$ という分散関係を示したものである．これに対応する群速度 $v(k) = (\varepsilon a/\hbar)\sin ka$ は図2.8(b)のようになる．点Oから右に加速されると点Aで最大となり，点Bでゼロとなる．点Bは点Cと等価であるので，そこから同じ向きの同じ力で加速されると点Dを通って点Oに戻るが，点Cから点Oまでの区間における電子の群速度は負である．したがって電子が一定の力で加速されると，波数空間では上記のような運動を繰り返し，実空間では群速度が正になったり負になったりを繰り返すので往復運動をする．これ

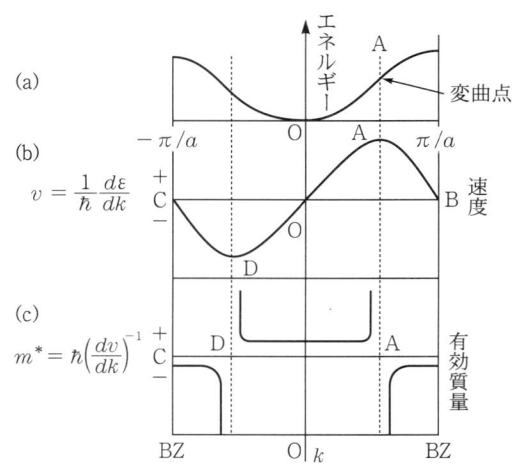

図2.8　エネルギー，速度，有効質量の波数依存性

をブロッホ振動という．

有効質量の値は，後述のサイクロトロン共鳴や磁気量子振動などの実験から求める．

2.4 正 孔

1つのバンド端が図2.9のようにあって，Aのところから電子が1つ光を吸収してA′に励起されたとしよう．そうすると価電子バンドに電子の抜け孔ができる．この電子の欠けたところを**正孔**，または**ホール** (hole) という．

この図の正孔の波数は $+k$ であることに注意しよう．なぜなら k (正孔) $= -k$ (電子)だからである．

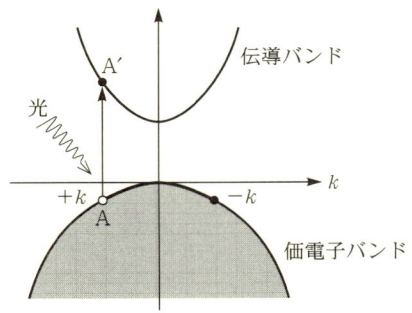

図2.9 正孔（$-k$と書いた電子に代わる正孔の波数は$+k$）

例えば，水中の泡は下へ行くほどエネルギーが高く，エネルギーの低い水面へ重力に逆らって移動する．これと同じように，正孔は外力に対して逆向きに動く．なぜなら，図2.9のように価電子バンドの上端では電子の有効質量は負で，正孔の有効質量は正だからである．泡の質量が正だとは変だが，それが実際の水泡との違いである．しかし，価電子バンドの中で電子の抜けたところだから，正孔の質量は正の符号をもつ．

2価の金属では電子と正孔が同じ数だけできる．2価の金属の自由電子フェルミ球の体積は第1ブリルアン・ゾーンの体積と等しいが，ブリルアン・ゾーンは球ではないので，フェルミ球の一部は第2ブリルアン・ゾーンにはみ出す．第2ブリルアン・ゾーンの電子の数は，第1ブリルアン・ゾーンに

生ずる正孔の数と同じである．すなわちフェルミ面は，正孔のポケット（正孔のより集まったところ）と電子のポケット（電子のより集まったところ）が同体積となる．

2.5 ブロッホの定理

周期ポテンシャルの中を運動する電子の重要な性質を表す**ブロッホの定理**というものについて述べる（簡単のため 1 次元とする）．N 個のイオンが間隔 a で周期的に並んでいる．$x = a$ でゼロにおいたポテンシャルを $-a/2 < x < a/2$ の範囲で $V(x)$ とおくと，その隣のポテンシャルは $V(x) = V(x+a)$ となる．すなわち，

$$V(x) = V(x+a) = V(x+2a) = \cdots = V(x+Na) \tag{2.11}$$

となる．

電子が満たすべきシュレーディンガー方程式は，

$$\left. \begin{aligned} -\frac{\hbar^2}{2m}\frac{d^2\psi(x)}{dx^2} + V(x)\,\psi(x) &= E\,\psi(x) \\ -\frac{\hbar^2}{2m}\frac{d^2\psi(x+a)}{dx^2} + V(x+a)\,\psi(x+a) &= E\,\psi(x+a) \end{aligned} \right\} \tag{2.12}$$

となる．ここで，$V(x) = V(x+a)$ であるから，$\psi(x)$ と $\psi(x+a)$ は同じ固有値 E をもつ固有関数となる．

したがって，両者はたかだか定数倍（λ とする）しか違わないはずである．すなわち，

$$\psi(x+a) = \lambda\,\psi(x) \tag{2.13}$$

を満たす．これを N 回繰り返すと，

$$\phi(x + Na) = \lambda^N \phi(x) \tag{2.14}$$

となる．ところが周期境界条件より $\phi(x + Na) = \phi(x)$ だから，定数 λ は $\lambda^N = 1$ を満たす．つまり，その値は，

$$\lambda = e^{2\pi i n/N} \tag{2.15}$$

である．以上の性質を用いると

$$\phi(x) = e^{2\pi i n x/Na} u(x) \tag{2.16}$$

となる．ただし $u(x)$ は，任意の整数 m について

$$u(x + ma) = u(x) \tag{2.17}$$

を満足する周期関数である．このことは以下に証明される．

$\phi(x)$ に (2.14) を m 回繰り返して適用すると，

$$\left. \begin{array}{r} \phi(x + ma) = \lambda^m \phi(x) \\ \exp\left[\dfrac{2\pi i n(x + ma)}{Na}\right] u(x + ma) = \lambda^m \exp\left(\dfrac{2\pi i n x}{Na}\right) u(x) \\ \implies u(x + ma) = u(x) \end{array} \right\} \tag{2.18}$$

となり，確かに関数 $u(x)$ は (2.17) を満たしていることがわかる．ここで波数 k を $k = 2\pi n/Na$ とおくと，

$$\phi(x) = e^{ikx} u(x) \tag{2.19}$$

あるいは 3 次元に拡張すると，

$$\phi(\boldsymbol{r}) = e^{i\boldsymbol{k} \cdot \boldsymbol{r}} u(\boldsymbol{r}) \tag{2.20}$$

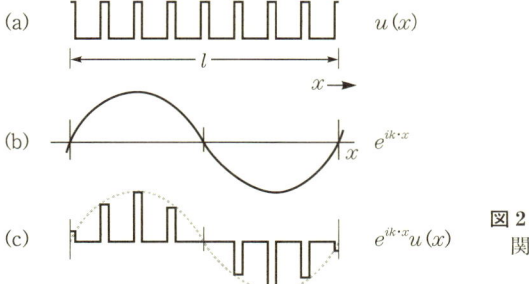

図 2.10　ブロッホの関係の例

となる．このように周期ポテンシャル中の波動関数が平面波と周期関数の積で表されるというのが**ブロッホの定理**である．図 2.10 に模式的な波動関数の一例を示す．

2.6 サイクロトロン共鳴

　導体が，密度 n，有効質量 m^* の伝導電子をもつとき，z 方向に磁場 H を図 2.11(a) のようにかけると，電子は磁場に垂直な面内で円運動を行なう．その角周波数 ω_c は，

$$\omega_c = \frac{eH}{m^*} \tag{2.21}$$

である．$\omega = \omega_c$ の条件が満たされるような高周波電場 $E\cos\omega t$ を，z 方向に垂直な方向（ここでは x 方向とする）にかけたとする．電子の緩和時間

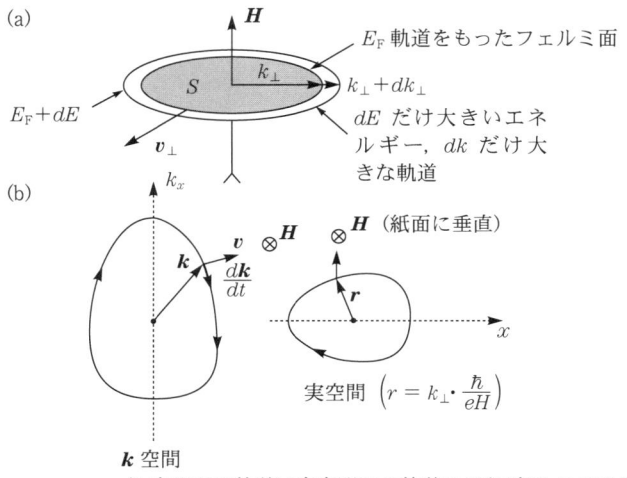

図 2.11　(a)　フェルミ面の磁場に垂直な断面のサイクロトロン軌道
　　　　　(b)　k 空間と実空間のサイクロトロン軌道の関係[1]

2.6 サイクロトロン共鳴

τ が $\omega_c\tau \gg 1$ を満たすほど長ければ，電子はこの交流電場からエネルギーを受けとり，共鳴吸収が起こる．これは加速器のサイクロトロンと同じ状況なので**サイクロトロン共鳴**という．

静磁場中の電子の運動方程式は，

$$\hbar\frac{d\boldsymbol{k}}{dt} = e(\boldsymbol{v} \times \boldsymbol{H}) \tag{2.22}$$

となるが，この式において，波数ベクトルの時間変化 $d\boldsymbol{k}/dt$ は $\boldsymbol{H}$ に垂直である．$\boldsymbol{v}$ は等エネルギー面に垂直であるが，$d\boldsymbol{k}/dt$ はその $\boldsymbol{v}$ に垂直である．したがって，図 2.11(b) のように $d\boldsymbol{k}/dt$ は等エネルギー面の接線方向を向いている．電子の運動はフェルミ面に垂直な切り口を回る周回軌道となる．ただし，電子が途中で散乱されないことが条件である．

一般のフェルミ面では自由電子の質量は用いられず，周回軌道（サイクロトロン軌道）全体にわたる有効質量 (2.10) の平均を用いる．サイクロトロン軌道を描いている状態に対して，$dk_\perp$ を軌道面でのフェルミ面に垂直な k の増分とすると，

$$\boldsymbol{v}_\perp = \frac{1}{\hbar}\frac{dE(\boldsymbol{k})}{d\boldsymbol{k}_\perp} \tag{2.23}$$

が成り立つ．$\boldsymbol{v}_\perp$ はフェルミ面に垂直である．このような見方から，

$$m^* = \frac{eH}{\omega_c} = \frac{eH}{2\pi} \cdot \frac{\hbar}{eH} \cdot \oint \frac{dk}{v} = \frac{\hbar^2}{2\pi}\oint\frac{dk}{dE}\,dk = \frac{\hbar^2}{2\pi}\frac{\partial S}{\partial E} \tag{2.24}$$

となる．ここで，S は k 空間のサイクロトロン軌道によって囲まれる面積であり，この m^* を**サイクロトロン質量**とよぶ．

サイクロトロン共鳴の観測には電子の緩和時間 τ を大きくして $\omega\tau > 1$ を実現する必要がある．そのため，試料を液体ヘリウムで冷却して τ を長くする．

サイクロトロン共鳴においては，サイクロトロン半径 r_c と電子の平均自由行路 l や試料の表皮厚さ δ との大小関係が重要である．表皮厚さ δ は，

$$\delta = \left(\frac{e^2}{2\pi\sigma\omega}\right)^{1/2} \tag{2.25}$$

で表される．ω はマイクロ波電場の角振動数，σ は試料の伝導度である．表皮厚さとは，表面から δ だけ深まるとマイクロ波電場の強さが $1/e$（$=1/2.718$）に減る厚さである．なお，電子の速度を v，質量を m^* とすると，サイクロトロン半径は $r_c = m^*v/eH$ で与えられる．例えば 4.2 K での典型的な伝導度の値を用いると，半導体の Ge では $r_c = 1 \times 10^{-3}$ cm，$\delta = 1$ cm で，サイクロトロン運動は δ の深さよりずっと小さいらせんを描いているから，普通のサイクロトロン共鳴のイメージでよい．

それに対して，金属では δ の方が短くなる．例えば，銅では $r_c \sim 1 \times 10^{-3}$ cm，$\delta \sim 1 \times 10^{-6}$ cm で十分 r_c が大きい．金属では，$r_c \gg \delta$ となる場合が多く，その場合のサイクロトロン共鳴は**アズベル - カーナー**（Azbel - Kaner）**共鳴**とよばれるものになる．まず，普通のサイクロトロン共鳴（$r_c < \delta$）を述べて，その後でアズベル - カーナー型共鳴に言及しよう．

図 2.12 は，Ge におけるサイクロトロン共鳴であるが，2 つの正孔と 3 つの電子の共鳴が得られている．（正孔か電子かの区別は，マイクロ波の円偏波の回り方の違いでわかる．）

図 2.13 は計算による Ge のバンドであるが，図 2.12 の共鳴とほぼ合っていることがわかる．

次に，アズベル - カーナー共鳴について述べる．対象が金属であるので，表皮効果のため電磁波は金属中に深く入ることができない．（表皮効果とは，速く振動する電場は金属中に深く入らない効果を指す．）この場合，磁場 H は

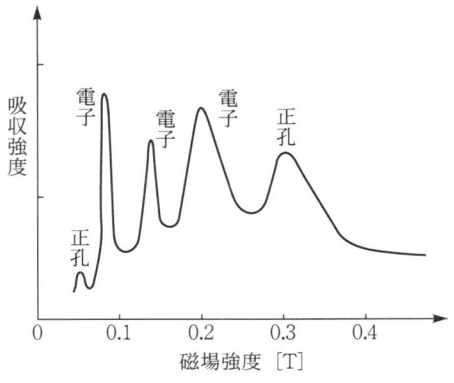

図 2.12　Ge のサイクロトロン共鳴　4.2 GHz, 4.2 K, (110) 面内で [100] と 60°の角度で磁場を傾けた場合．[2]

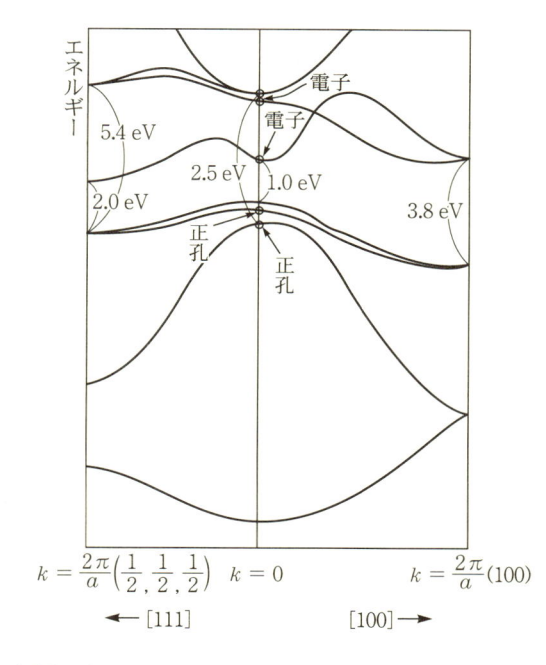

2.6 サイクロトロン共鳴

図 2.13 Ge のエネルギーバンドの計算図

金属の表面に厳密に平行に印加する必要がある．$\omega_c \tau \gg 1$ を満たすときに電子はらせん軌道を描くが，らせん運動の途中で，表面近傍の表皮厚さ内に入ってくる電子のみがマイクロ波電場によって加速されて共鳴吸収が起こる．共鳴の条件は，

$$\frac{2\pi}{\omega_c} = n\frac{2\pi}{\omega} \quad (n = 1, 2, \cdots) \tag{2.26}$$

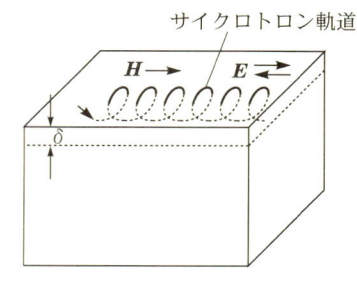

図 2.14 アズベル - カーナー型サイクロトロン共鳴．実線は，表面から表皮厚さ δ の範囲に入ったときに加速を受けることを示す．

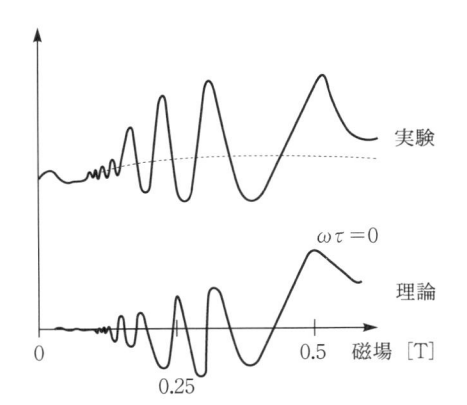

図 2.15 アズベル‐カーナー型サイクロトロン共鳴の実験と理論の比較（Cuの場合）[3]

で与えられる．ω_cはサイクロトロン角周波数，ωはマイクロ波の角周波数である．実際にはωを一定にして磁場Hを変えることが多いので，上式を，

$$\frac{1}{H} = n\frac{e}{m^*\omega} \quad (2.27)$$

と書くことになる．アズベル‐カーナー共鳴では，整数nに対応して多くの共鳴が現れ，上式からわかるように，$1/H$に対して等間隔に観測される．その概念図は図 2.14 であり，図 2.15 のような共鳴が観測される．

2.7 伝導電子の磁場による量子化

自由電子に対する静磁場の効果は古典論の描像では，図 2.16 のように理解することができる．すなわち，電子はフェルミエネルギーに対応する速度v_Fをもって各々が周回運動するが，各軌道は金属内部では打ち消し合い，図 2.16 で反磁性電流と記した大きな表面流が残って，これが反磁性を与える．ところが，金属の内表面に衝突しながら進む電子軌道（スキッピング軌道）は全体として常磁性電流と記した表面流となり，この常磁性電流と，内表面に衝突しないで反磁性を与える表面流とがちょうど打ち消し合って，正

味の磁化は生じない．これを**ファン‐リューエン**（Van-Leewen）**の定理**という．これは古典物理学では軌道磁性が生じないことを意味する．

一般に，静磁場中の電子の運動は，量子力学的には $\boldsymbol{A}$ をベクトルポテンシャルとして，運動量演算子 $\boldsymbol{p} = -i\hbar\nabla$ の代わりに $\boldsymbol{p} = (\hbar/i)\nabla - e\boldsymbol{A}$ を用いることによって扱うことができる．ハミルトニアンは，スピンにともなうゼーマンエネルギーをしばらく無視すると，

$$\mathcal{H} = \frac{1}{2m}\left(\hbar\frac{\nabla}{i} - e\boldsymbol{A}\right)^2 \tag{2.28}$$

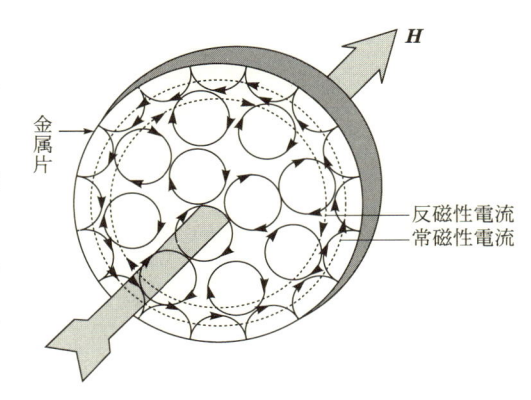

図2.16 （古典的に考えたときの）静磁場の中の金属電子[1]

となる．磁場 H を z 方向にとると，ベクトルポテンシャルとして

$$A_y = Hx, \quad A_x = A_z = 0 \tag{2.29}$$

というゲージをとってよい．波動方程式は，

$$-\frac{\hbar^2}{2m}\frac{\partial^2\psi}{\partial x^2} + \frac{1}{2m}\left(\frac{\hbar}{i}\frac{\partial}{\partial y} - eHx\right)^2\psi - \frac{\hbar^2}{2m}\frac{\partial^2\psi}{\partial z^2} = E\psi \tag{2.30}$$

である．そして，位置に対する依存性は x だけだから，

$$\psi(x,y,z) = e^{ip_y y/\hbar}e^{ip_z z/\hbar}\varphi(x) \tag{2.31}$$

と書け，(2.30) は次式となる．

$$-\frac{\hbar^2}{2m}\frac{\partial^2\varphi}{\partial x^2} + \frac{e^2H^2}{2m}\left(x - \frac{p_y}{eH}\right)^2\varphi(x) = \left(E - \frac{p_z^2}{2m}\right)\varphi(x) \tag{2.32}$$

この式は，1次元の調和振動子を表す以下の方程式と同形である．

$$-\frac{\hbar^2}{2m}\frac{d^2\psi}{dx^2}+\frac{m\omega^2}{2}\left(x-\frac{p_y}{eH}\right)^2\psi=\varepsilon\psi \qquad (2.33)$$

$$\varepsilon=E-\frac{p_z{}^2}{2m}, \qquad \omega_c=\frac{eH}{m}$$

(2.33) の固有値は,

$$\varepsilon_n=\hbar\omega_c\left(n+\frac{1}{2}\right) \qquad (n=0,1,2,\cdots) \qquad (2.34)$$

である.

したがって, (2.32) の固有値は,

$$E=\hbar\omega_c\left(n+\frac{1}{2}\right)+\frac{p_z{}^2}{2m} \qquad (n=0,1,2,\cdots) \qquad (2.35)$$

となる. これを無磁場のときのエネルギー $E=(p_x{}^2+p_y{}^2+p_z{}^2)/2m$ と比べると, 磁場に垂直な面内での運動が量子化されて周回運動となり, その角振動数が (2.21) で, エネルギーが (2.35) で表されることがわかる. ボーア

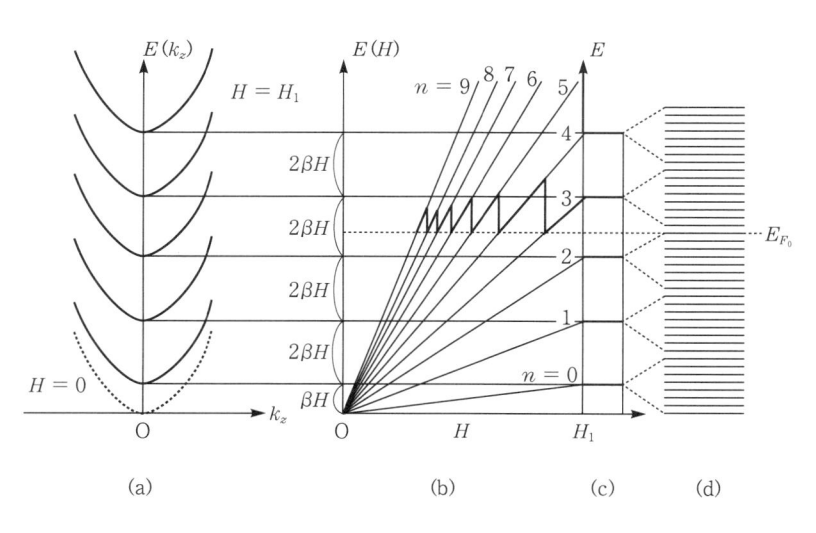

図 2.17 ランダウ準位[1]
(a) H を H_1 に固定したとき
(b) k_z を固定したとき
(c) $H=H_1$ でのランダウ準位
(d) 元の準位との関係

2.7 伝導電子の磁場による量子化

磁子 $\beta = e\hbar/2m$ を用いて書けば

$$E = \frac{p_z^2}{2m} + \beta H (2n+1) \qquad (n = 0, 1, 2, \cdots) \qquad (2.36)$$

となる.

第2項はいわゆる**ランダウ** (Landau) **準位**とよばれるもので, 図2.17のように表される. ランダウ準位の間隔は, $n = 0$ の準位とゼロレベルとの間は βH であるが, 他はすべて $2\beta H$ つまり $\hbar \omega_c$ の等間隔で, n と $n+1$ との間隔は H に比例して増す. 図2.17(a)で示したのは, ある任意の磁場 H_1 の下での k_z 依存性である. 平行な放物線群は (2.36) の右辺第1項による. すなわち, 磁場 H のもとのエネルギーは, 磁場方向の直線運動と磁場に垂直な平面内の量子化されたサイクロトロン運動の和である.

無磁場のときの (擬) 連続エネルギースペクトル (図(d)) は, 図(c) のように離散的なランダウ準位に束ねられていく. 何個の準位が1つのランダウ準位に束ねられるかをみるために, まず実空間で体積 $L_x L_y L_z$ の金属の塊を考える. 図2.18(a)のように, k_z は H に無関係だから通常のように

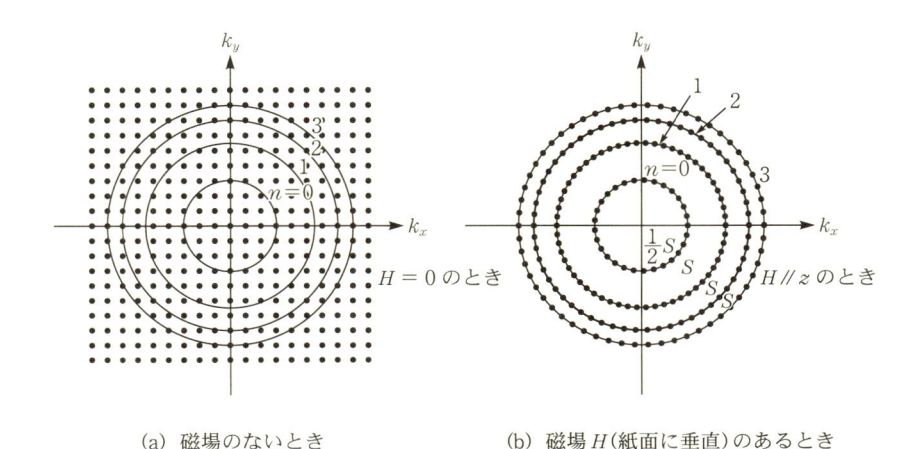

  (a) 磁場のないとき   (b) 磁場 H (紙面に垂直) のあるとき

図2.18 無磁場のときと磁場のあるときの素領域の様子[1]

$2\pi/L_z$ の素領域をもつ．これまでの式から，

$$\frac{p_y}{\hbar} = k_y \tag{2.37}$$

となり，これもまた $2\pi/L_y$ の単位で量子化されると考えられる．一方 (2.36) のエネルギー固有値は k_y に依存しないからどんな k_y の値でもとれそうであるが，実際にはそうではないというのは，ψ は前述したように中心位置が，

$$x_0 = \frac{p_y}{eH} = \frac{v_x}{\omega_c} \tag{2.38}$$

にあるためである．つまり，電子が v_y の速度で y 方向に走り出すと磁場の作用で x_0 を中心としたサイクロトロン軌道を描くからである．この軌道は当然，金属試料の断面 L_xL_y の中に入っていなければならない．

x_0 が断面 L_xL_y の中に入るという条件 $0 < x_0 < L_x$ に (2.38) すなわち $x_0 = \hbar k_y/eH$ を代入すると，$0 < k_y < eHL_x/\hbar$ となるこの範囲に k_y の量子化単位 $2\pi/L_y$ が入る個数として，

$$\alpha = \frac{\dfrac{eHL_x}{\hbar}}{\dfrac{2\pi}{L_y}} = \frac{eH}{h}L_xL_y \tag{2.39}$$

が得られる．つまりそれぞれのランダウ準位は，k_z をある値に保つと α 個の縮退度をもつ．

図 2.18(b) はランダウ準位 $n = 0, 1, 2, \cdots$ に対して，k_xk_y 面の縮退の様子を示したものである（簡単のため切り口の形は円で示した）．図(a) の点々は無磁場のときの面積素片の分布を表し，その上にランダウ（サイクロトロン）軌道を重ねたものを参考にすれば，実際は図(b) に示すように図(a) での $n = 0$ の円の中の素片数 $\alpha/2$ 個と，$n = 0$ と 1 の 2 つの円の間の素片数の半分 $\alpha/2$ 個とが図(b) における $n = 0$ の円の上に（α 個）縮退し，図(b) における $n = 1$ の円の上には図(a) での $n = 0$ と 1 の 2 つの円の間の素片数の残り半分と，$n = 1$ と 2 の 2 つの円の間の素片数の半分とが

(α個) 縮退する. 以下, 同じである. 円と円との間には許容された状態はなくなり, 各円の上には等しい状態数が入る. このような量子化によって, 図(b) の面積 S が任意の値をとるような切り口は許されず, 上述のような特定の条件に合う切り口だけが許されることになる.

k 空間のランダウ軌道の囲む面積は, 面積素片が $(2\pi)^2/L_xL_y$ であることと, (2.39) とから,

$$S = \frac{2\pi eH}{\hbar}\left(n + \frac{1}{2}\right) \qquad (n = 0, 1, 2, \cdots) \qquad (2.40)$$

である. S は磁場に比例して大きくなる. 実空間でのサイクロトロン軌道の囲む面積 A は上式を用いて,

$$A = \frac{h}{eH}\left(n + \frac{1}{2}\right) \qquad (n = 0, 1, 2, \cdots) \qquad (2.41)$$

となる. この面積の中に入る磁束 ($\Phi = AH$) は

$$\Phi = \frac{h}{e}\left(n + \frac{1}{2}\right) \qquad (2.42)$$

となるが, h/e を単位として, その $\{n + (1/2)\}$ 個が入ることを意味する. この $\Phi_0 = h/e = 4.1 \times 10^{-7}\,\mathrm{G\cdot cm^2}$ を**量子磁束**という. (2.41) により, 強磁場になるとともに量子数 n に対する軌道面積 A は磁束密度 (磁場) に逆比例して減少するが, その中に入る量子磁束数は一定である.

k_z (H に平行な波数) も考慮した3次元 k 空間での量子化の様子は, 図 2.19 のようになる. すなわち, ① n の値を選び, k_z のある値での等エネルギー面の H に垂直な切り口を描く. ② k_z の値を変えて切り口をつないでいき, 筒をつくる. ③ いろいろな n の値 ($n = 0, 1, 2, \cdots$) に対して筒の同心円的な重なりができる. ④ フェルミ面の中に納まる筒の部分に, $n = 0$ の量子数の筒がフェルミ面の胴に接する状態の磁場の強さが存在する. これを磁場量子化の**量子極限** (quantum limit) とよぶ. それ以上の強い磁場になると, フェルミ面上の電子は, より高いエネルギーの $n = 0$ の環 (図 2.19 の (e)) に移り, 磁場の増大とともに環は大きくなる. そして, エネルギー

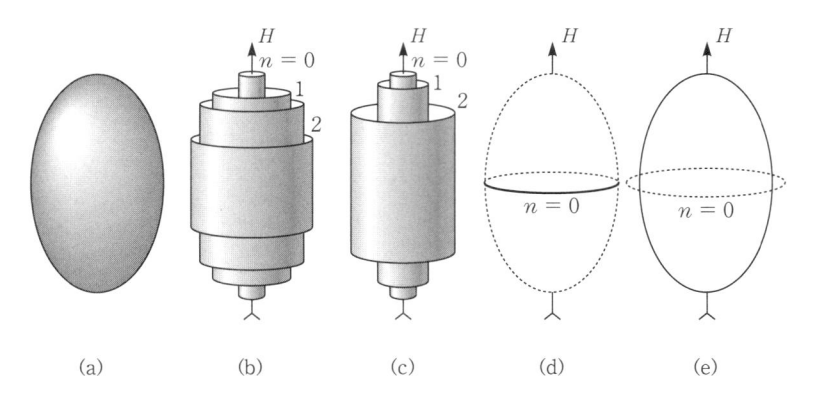

図 2.19 フェルミ面の磁場による量子化と量子極限[1)]
(a) 楕円体フェルミ面
(b) (a) に磁場をかけたとき
(c) (b) にさらに強磁場をかけたとき
(d) 量子極限（楕円の周に沿う形）
(e) 量子極限以上の磁場

は高い等エネルギー面に分布していく．

このような量子極限は，普通の金属では莫大な強さの磁場に相当し，実現困難である．しかし，フェルミ面が非常に小さいビスマスのような半金属では，数テスラの磁場で実現できる．

2.8 伝導電子の磁性

2.8.1 スピン常磁性 ― 金属の磁性 ―

電子はスピンによる磁気モーメントをもち，その値はボーア磁子 β ($= e\hbar/2m$) によって $2\beta s$ と表される．スピン量子数 s の大きさは $+1/2$，$-1/2$ のいずれかである．外部磁場は伝導電子のスピンを分極させ，磁化を生じさせる．これは**スピン常磁性**または**パウリ**（Pauli）**常磁性**とよばれる．

磁場 H の中で電子の磁気的ポテンシャルエネルギーは $2\beta \boldsymbol{s} \cdot \boldsymbol{H}$ であり，

2.8 伝導電子の磁性

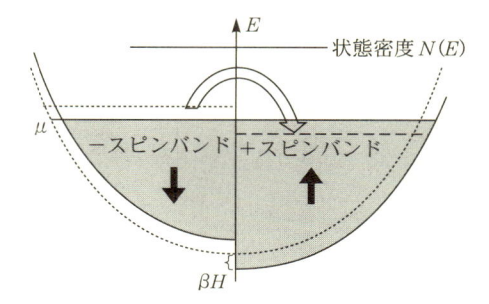

(a) ランダウ準位のスピンによる分布の様子

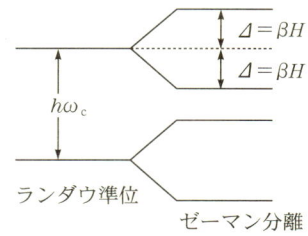

(b) ランダウ準位のスピン分離

図 2.20 ランダウ準位のスピン分離の様子[1]

1個の電子スピンが磁場の向きに平行になるとそのエネルギーは $E - \beta H$, 反平行になると $E + \beta H$ になる．スピンのゼーマン効果を化学ポテンシャル μ に繰り込む形にすると，平行スピンの化学ポテンシャルが $\mu + \beta H$, 反平行スピンの化学ポテンシャルが $\mu - \beta H$ になることだと考えることもできる．図 2.20(a) のように化学ポテンシャル μ が，＋・－のスピンバンドで一致するので，＋スピンバンドは，より多くの電子を容れることになる．

一般に，電子密度は，

$$n = \int_0^\infty N(E) f_0(E) \, dE \tag{2.43}$$

で与えられる．ここで $N(E)$ は状態密度，$f_0(E)$ はフェルミ分布関数である．磁場がかかると反平行スピンでは $\mu \to \mu + \beta H$, 平行スピンでは $\mu \to \mu - \beta H$ と変わるから，電子密度 n_+（平行スピン），n_-（反平行スピン）

はフェルミ分布関数を f_0 として,

$$n_+ = \frac{1}{2}\int_0^\infty N(E)\,f_0(E - \beta H)\,dE \\ n_- = \frac{1}{2}\int_0^\infty N(E)\,f_0(E + \beta H)\,dE \bigg\} \quad (2.44)$$

となる.したがって,単位体積当りの磁気モーメント(磁化)は,

$$\begin{aligned} M &\approx \beta(n_+ - n_-) \\ &= \frac{\beta}{2}\int_0^\infty N(E)[f_0(E - \beta H) - f_0(E + \beta H)]dE \\ &\approx \beta^2 H \int_0^\infty N(E)\left(-\frac{\partial f_0}{\partial E}\right)dE \end{aligned} \quad (2.45)$$

となる.この式の3行目の表現は $\mu \gg \beta H$ の近似である.$T=0$ では $-\partial f_0/\partial E$ はデルタ関数となるので,磁化率は,

$$\chi_\text{para} = \beta^2\,N(E_\text{F}) \quad (2.46)$$

となる.これがパウリ常磁性である.

以上の表現は $T \sim 0$ の近似で得られたが,温度の補正は $(T/\mu)^2$ の程度の大きさなので,金属では十分無視できる.

2.8.2 ランダウ反磁性

前に述べたように,古典論の範囲では金属電子の軌道運動による磁性は現れない.しかし量子効果として,離散的なランダウ準位が生ずるにともなって反磁性が現れる.この場合,$(\beta H/\mu)^2$ の補正を熱力学的ポテンシャルに加わえるにとどめれば,ここに述べるいわゆる**ランダウ反磁性**(非振動的)が生じ,より高いオーダーの補正まで考えると磁場の逆数 $1/H$ に比例する,いわゆる磁場によって振動する**ド・ハース–ファン・アルフェン効果**が生ずる.これは重要な物性として次に記すが,ここでは,まず非振動的反磁性について述べる.

金属電子の系の温度 T の熱力学ポテンシャル U は次のように表される.

2.8 伝導電子の磁性

$$U = -k_B T \sum_i \ln[1 + e^{(\mu - E_i)/k_B T}] \tag{2.47}$$

ここで i として，すべての量子化準位についての和をとる．上式はフェルミ分布関数 $f_0(E)$ に対して，

$$\left(\frac{\partial U}{\partial \mu}\right)_i = N = \sum_i f_0(E_i) \tag{2.48}$$

が成り立つことから得られる．

(2.47) を具体化するのに，ランダウ磁化状態の状態密度をまず求める．$k_x k_y$ あるいは $p_x p_y$ 面内での1準位当りの状態数は (2.39) であるが，これに dn_z を掛けると，(2.36) において n をある値に選んだときの dp_z の幅の間の状態数が得られる．$dn_z = dp_z L_z/2\pi\hbar$ であるから，このときの状態数は $L_x L_y L_z = V$ として，

$$2\frac{eH}{\hbar}\left(\frac{V}{2\pi\hbar}\right)dp_z \tag{2.49}$$

ただし，上式ではスピンの縮退度2を掛けてある．$dp_z = (dp_z/dE) \cdot dE$ と書き直して，状態密度 $N(E)$ は次のように得られる．

$$N(E) = \frac{2V}{(2\pi\hbar)^2} eH \frac{dp_z}{dE} \tag{2.50}$$

したがって，(2.47) と (2.48) から，

$$U = -\frac{2V k_B T eH}{(2\pi\hbar)^2} \int_0^\infty dE \sum_n \frac{dp_z}{dE} \ln\{1 + e^{(\mu - E)/k_B T}\} \tag{2.51}$$

となり，(2.36) を書き直して，

$$p_z(E, n) = \pm\{2m[E - 2\beta H(2n + 1)]\}^{1/2} \tag{2.52}$$

としたものを (2.51) に入れると，

$$U = -\frac{2VeH}{(2\pi\hbar)^2} \int_0^\infty dE \sum_n 2\{2m[E - \beta H(2n + 1)]\}^{1/2} [e^{(E-\mu)/k_B T} + 1]^{-1} \tag{2.53}$$

となる．ここで $\sum_n$ の中の因子2は (2.52) の p_z の式の ± 両者をとり入れたためで，また $\sum_n$ は $E > \beta H(2n + 1)$ という条件の範囲にある n につい

ての和である．

(2.51) は全温度領域で成立する式であるが，もし $k_B T \ll \mu$ ならば，弱磁場の近似では $(T/\mu)^2$ の補正は小さいから $T=0$ としても差し支えない．したがって，フェルミ分布を階段関数として $\sum_n$ と $\int_0^\infty dE$ の順序を入れ替えて (2.53) を計算すると，

$$U = -\frac{4VeH}{(2\pi\hbar)^2} \sum_n \int_{\beta H(2n+1)}^{\mu} dE \{2m[E - \beta H(2n+1)]\}^{1/2}$$
$$= -\frac{8}{3}\frac{VeH}{(2\pi\hbar)^2}(2m)^{1/2} \sum_{n<\frac{\mu}{\beta H}-\frac{1}{2}} [\mu - \beta H(2n+1)]^{3/2}$$

(2.54)

となる．H が小さい場合，上式の和の因子にオイラー–マクローリンの公式

$$\sum_{n=0}^{n_0} f(n) = \int_{-1/2}^{n_0+2} f(n)\, dn \frac{f'\left(n_0+\frac{1}{2}\right) - f'\left(n_0-\frac{1}{2}\right)}{24}$$

(2.55)

を用いて熱力学ポテンシャルは次のようになる．

$$U = -\frac{8}{15}\frac{Ve(2m)^{1/2}\mu^{5/2}}{\beta(2\pi\hbar)^2} + \frac{Ve\beta H^2(2m)^{1/2}\mu^{1/2}}{(2\pi\hbar)^2} \quad (2.56)$$

これに $\beta = e\hbar/2m$ と $\mu = p_F{}^2/2m$ (p_F はフェルミ準位の運動量) を入れると，

$$U = -\frac{p_F{}^5 V}{15m\pi^2\hbar^3} + \frac{V\beta^2 H^2}{6}\frac{p_F m}{\pi^2\hbar^3} \quad (2.57)$$

となる．したがって，単位体積当りの磁気モーメント M と磁化率 χ は次のように表される．

$$M = -\frac{1}{V}\frac{dU}{dH} = -\beta^2 \frac{H}{3}\frac{p_F m}{\pi^2\hbar^3} \quad (2.58)$$

$$\chi_{\text{dia}} = -\frac{\beta^2}{3}\frac{p_F m}{\pi^2\hbar^3} = -\frac{\beta^2}{3}\frac{p_F{}^3 m}{\pi^2\hbar^2} \quad (2.59)$$

この反磁性はランダウ準位に起因するので，**ランダウ反磁性**とよばれる．

あるいは,

$$\chi_{\text{dia}} = -\frac{\beta^2}{3} N(E_{\text{F}}) \tag{2.60}$$

と書ける.

ランダウ磁化が反磁性になること,すなわちエネルギーが磁場の印加によって増加することは,図 2.17 からも次のように説明できる.いま,フェルミ準位が $H=0$ のとき図(d) の E_{F_0} にあったとする.磁場がかかると,電子のエネルギー準位は図(b) のように離散的なランダウ準位に分かれる.電子はエネルギーの低い方から,これらのランダウ準位に収容される.図(d) のように H_1 の磁場を印加して強くしていくと,フェルミ準位はより低いランダウ準位へと移っていく.ちょうど,ある番号のランダウ準位にフェルミ準位が一致するような磁場の強さのときのみエネルギーは無磁場のときと同じで,それ以外の磁場の強さのときは常にエネルギーが増大する.すなわち,反磁性となる.したがって,平均として反磁性を示すのである.ただし磁場を連続的に変化させていくとき,エネルギー値の変わらない磁場値の系列があり,その系列の中間では常にエネルギーが増大するということは,磁化が磁場に対してゼロと極大の間を振動的に変化していくことを意味する.これが次章で述べるド・ハース - ファン・アルフェン効果である.

(2.46) と (2.60) を比べると

$$\frac{|\chi_{\text{dia}}|}{\chi_{\text{para}}} = \frac{1}{3} \tag{2.61}$$

なので,自由電子の正味の磁化率としては,

$$\chi_{\text{total}} = \chi_{\text{para}} + \chi_{\text{dia}} = +\frac{2}{3}\beta^2 N(E_{\text{F}}) \tag{2.62}$$

の常磁性が期待される.

ところが,少なからぬ金属が反磁性を示す.このことは,金属内の電子が自由電子とは異なるエネルギー分散をもっていることによる.その最も簡単な例としては,等方的分散であるが $E = p^2/2m^*$ というスカラーの有効質量

をもつ場を考える．ゼーマン効果によるパウリ常磁性を表す (2.46) に入る β は自由電子の質量を使ったボーア磁子であるが，(2.60) の β は電子の軌道運動に関連しているから，有効質量 m^* を使った有効ボーア磁子 $\beta^* = eh/2m^*$ となる．(2.59) の β を β^* にするわけだが，$N(E_\mathrm{F})$ は (2.60) でも (2.46) でも $p_\mathrm{F} m^*/\pi^2 \hbar^3$ である．したがって，(2.61) の代わりに，

$$\frac{|\chi_\mathrm{dia}|}{\chi_\mathrm{para}} = \frac{1}{3}\left(\frac{m}{m^*}\right)^2 \tag{2.63}$$

となる．m^* が十分小さければ上式の値は 1 よりも十分に大きな値を与えることとなり，χ_total は反磁性となる．

これまでの結果は単純な場合であって，スピン軌道相互作用とか伝導バンドと下方の充満バンドの間の仮想遷移とかが，磁性に寄与してくる場合も少なくない．また，この仮想遷移の過程は，フェルミエネルギーが小さく，伝導バンドのすぐ下近くに充満バンドがある Bi のような半金属では，極めて大きな反磁性の寄与を生ずる．

2.8.3 ド・ハース - ファン・アルフェン効果

金属の自由電子モデルで考えることから出発する．磁場 H が z 方向にかかっているときの電子のエネルギー E_i は，

$$E_i = \left(n + \frac{1}{2}\right)\hbar\omega_\mathrm{c} + \frac{\hbar^2 k_z^2}{2m} \quad (n = 0, 1, 2, \cdots) \tag{2.64}$$

となる．ここで i は量子数 (n, k_z) の組を表す．n を指定したときの k_z と $k_z + dk_z$ の間にある状態の数 dn_{k_z} は電子のスピンをひとまず無視し，金属の体積を V とすると，

$$dn_{k_z} = \frac{V}{(2\pi)^3}\left(\iint dk_x\, dk_y\right) dk_z \tag{2.65}$$

で表される．n が 1 だけ異なる $\iint dk_x\, dk_y$ の値は $S = 2\pi eH(n+1)/\hbar$ であるから，次式となる．

2.8 伝導電子の磁性

$$dn_{k_z} = \frac{VeH}{(2\pi)^2\hbar} dk_z \tag{2.66}$$

結局，上式における状態に関する和は，n についての和と k_z に関する積分でおきかえられる．この系の自由エネルギー（2.47）を書き下し，ポアッソンの和の公式（Re は複素数の実部を表す記号）

$$\sum_{n=0}^{\infty} \varphi = \int_0^{\infty} \varphi(n)\, dn + 2\,\text{Re}\left[\sum_{r=1}^{\infty} \varphi(n) e^{2\pi i r n}\right] \tag{2.67}$$

を利用して変形すると

$$\begin{aligned}
U &= -\frac{Vk_\text{B}TeH}{(2\pi)^2\hbar} \sum_n \int_{-\infty}^{\infty} \ln\left[1 + \exp\left\{\frac{E - E_n(k_z)}{k_\text{B}T}\right\}\right] dk_z \\
&= \frac{Vk_\text{B}TeH}{(2\pi)^2\hbar} \sum_n \int_{-\infty}^{\infty} \ln\left[1 + \exp\left\{\frac{E - E_n(k_z)}{k_\text{B}T}\right\}\right] dk_z \\
&\quad - \frac{2Vk_\text{B}TeH}{(2\pi)^2\hbar} \text{Re}\left[\sum_{r=1}^{\infty} dn \int_{-\infty}^{\infty} \ln\left[1 + \exp\left\{\frac{E_\text{F} - E_n(k_z)}{k_\text{B}T}\right\}\right] e^{2\pi i r n}\, dk_z\right] \\
&\equiv U_c + U_r
\end{aligned} \tag{2.68}$$

となる．k_B はボルツマン定数である．磁場に対して振動するのは第 2 項の U_r であるから，以下，この U_r にのみ着目し，

$$U_r = -2\,\text{Re}\left[\sum_r I_r\right] \tag{2.69}$$

とおく．ただし，

$$I_r = \frac{Vk_\text{B}TeH}{(2\pi)^2\hbar} \int_0^{\infty} dn \int_{-\infty}^{\infty} dk_z \ln\left[1 + \exp\left\{\frac{E_\text{F} - E_n(k_z)}{k_\text{B}T}\right\}\right] e^{2\pi i r n} \tag{2.70}$$

である．n についての積分をエネルギーについての積分におきかえると，

$$I_r = \frac{Vk_\text{B}TeH}{(2\pi)^2\hbar} \int_0^{\infty} dE \ln\left[1 + \exp\left\{\frac{E_\text{F} - E_n(k_z)}{k_\text{B}T}\right\}\right] \int_{-\infty}^{\infty} dk_z \frac{\partial n}{\partial E} e^{2\pi i r n} \tag{2.71}$$

となる．前述のように $n \gg 1$ であるので，k_z の積分の中の $e^{2\pi i r n}$ は n の変化とともに激しく変化する量である．

積分に大きく寄与するのは n が極値をとるときなので，n をこの近傍で

展開する．すなわち，
$$n(E, k_z) \approx n_f(E) + \frac{1}{2}\left(\frac{\partial^2 n}{\partial k_z^2}\right) k_z^2 + \cdots \tag{2.72}$$
である．ここで n_f は n の極値とする．(2.71) の k_z についての積分は (2.72) を用いて書くと，
$$\int_{-\infty}^{\infty} dk_z \frac{\partial n}{\partial E} e^{2\pi i r n_f} \approx \left(\frac{\partial n}{\partial E}\right)_f e^{2i\pi rn} \int_{-\infty}^{\infty} dk_z \exp\left[i\pi r\left(\frac{\partial^2 n}{\partial k_z^2}\right)_f k_z^2\right] \tag{2.73}$$
となる．$(\partial^2 n/\partial k_z^2)_f > 0$ の場合，$k_z = y e^{i(\pi/4)}$ とおき $e^{i\pi/2} = i$ となることを考慮すると，(2.73) の積分は，
$$\int_{-\infty}^{\infty} dk_z \exp\left[i\pi r\left(\frac{\partial^2 n}{\partial k_z^2}\right)_f k_z^2\right] = e^{i\pi/4} \int_{-\infty}^{\infty} dy \exp\left[i\pi r\left(\frac{\partial^2 n}{\partial k_z^2}\right)_f e^{i\pi/2} y^2\right]$$
$$= e^{i\pi/4} \int_{-\infty}^{\infty} dy \exp\left[-\pi r\left(\frac{\partial^2 n}{\partial k_z^2}\right)_f y^2\right] \tag{2.74}$$
となる．

同様に $(\partial^2 n/\partial k_z^2)_f < 0$ の場合は，$k_z = y e^{-i(\pi/4)}$ とおき $e^{-i\pi/2} = -i$ であることを考慮すると，(2.73) の積分は
$$e^{-i\pi/4} \int_{-\infty}^{\infty} dy \exp\left(\pi r \left|\frac{\partial^2 n}{\partial k_z^2}\right|_f y^2\right) \tag{2.75}$$
である．(2.74) と (2.75) に公式
$$\int_{-\infty}^{\infty} e^{-a^2 y^2}\, dy = \frac{\sqrt{\pi}}{a} \tag{2.76}$$
を用いると，(2.74) と (2.75) の積分は，
$$e^{\pm i\pi/4} \left(r \left|\frac{\partial^2 n}{\partial k_z^2}\right|_f\right)^{-1/2} \tag{2.77}$$
となる．正および負符号は (2.77) より，フェルミ面の最大および最小断面積に対応することは明らかである．この結果を用いると (2.71) の I_r は，
$$I_r = \frac{V k_B T e H}{(2\pi)^2 \hbar} \int_0^{\infty} dE \ln\left[1 + \exp\left\{\frac{E_F - E_n(k_z)}{k_B T}\right\}\right]$$

2.8 伝導電子の磁性

$$\times \left(\frac{\partial n}{\partial E}\right)_f e^{2\pi i r n_f} e^{\pm i\pi/4} \left(r \left|\frac{\partial^2 n}{\partial k_z^2}\right|_f\right)^{-1/2} \tag{2.78}$$

となる．$\ln$ と $e^{2\pi i r n_f}$ 以外の関数は，E に対して緩やかに変化する関数なので，それらを積分の外に出して部分積分を実行すると，

$$I_r = \frac{VeH}{(2\pi)^2 \hbar} \frac{1}{2\pi i r^{3/2}} e^{\mp i\pi/4} \left|\frac{\partial^2 n}{\partial k_z^2}\right|_f^{-1/2} \int_0^\infty \frac{e^{2\pi i r n_f}}{e^{(E-E_F)/k_B T}+1} dE \tag{2.79}$$

が得られる．

エネルギーに関する積分の被積分関数は $E = E_F$ でのみ大きくなるので，$n_f(E)$ を E_F の近くで展開して，

$$n_f(E) \approx n_f(E_F) + \left(\frac{\partial n_f}{\partial E}\right)_{E_F}(E - E_F) + \cdots \tag{2.80}$$

とする．$x = E - E_F$ として，

$$\int_0^\infty \frac{e^{2\pi i r n_f(E_F)}}{e^{(E-E_F)/k_B T}+1} dE \approx e^{2\pi i r n_f(E_F)} \int_{-\infty}^\infty \frac{dx}{e^{x/k_B T}+1} \exp\left[2\pi i r x \left(\frac{\partial n_f}{\partial E}\right)_{E_F}\right] \tag{2.81}$$

となる．ここで $y \equiv x/k_B T$，$a = 2\pi r k_B T (dn_f/dE)_{E_F}$ とおいて，

$$\int_{-\infty}^\infty \frac{e^{iay}}{e^y+1} dy = \sinh \pi a \tag{2.82}$$

の公式を利用すると，(2.81) の積分は，

$$k_B T e^{2\pi i r n_f(E_F)} \frac{-i\pi}{\sinh\left[2\pi^2 r k_B T \left(\frac{\partial n_f}{\partial E}\right)_{E_F}\right]} \tag{2.83}$$

となるので，結局，

$$I_r = \frac{V k_B T eH}{2(2\pi)^2 \hbar r^{3/2}} e^{\mp i\pi/4} \left|\frac{\partial^2 n}{\partial k_z^2}\right|_f^{-1/2} \frac{e^{2\pi i r n_f(E_F)}}{\sinh\left[2\pi^2 r k_B T \left(\frac{\partial n_f}{\partial E}\right)_{E_F}\right]} \tag{2.84}$$

となる．

(2.40) における $S = (2\pi eH/\hbar)(n+1/2)$ $(n = 0, 1, 2, \cdots)$ によると、量子数 n_f とフェルミ面の極値断面積 A_f との間には、

$$A_f \approx \frac{2\pi eH}{\hbar} n_f \tag{2.85}$$

という関係がある。また、

$$\left(\frac{\partial n_f}{\partial E}\right)_{E_F} = \frac{\hbar}{2\pi eH}\left(\frac{\partial A}{\partial E}\right)_f, \quad \left|\frac{\partial^2 n}{\partial k_z^2}\right|_f^{-1/2} = \left(\frac{2\pi eH}{\hbar}\right)^{1/2}\left|\frac{\partial^2 A}{\partial k_z^2}\right|_f^{-1/2} \tag{2.86}$$

であるから、エネルギーの振動部分 $\widetilde{U}_r$ を求めると、

$$\begin{aligned}\widetilde{U}_r &= Vk_B T \left(\frac{eH}{2\pi\hbar}\right)^{3/2} \left|\frac{\partial^2 A}{\partial k_z^2}\right|_f^{-1/2} \mathrm{Re}\left[\sum_r \frac{1}{r^{3/2}} \frac{\exp\left[i\left(\frac{r\hbar}{eH}A_f \mp \frac{\pi}{4}\right)\right]}{\sinh\left[\frac{\pi r\hbar k_B T}{eH}\left(\frac{\partial A}{\partial E}\right)_f\right]}\right] \\ &= Vk_B T \left(\frac{eH}{2\pi\hbar}\right)^{3/2} \left|\frac{\partial^2 A}{\partial k_z^2}\right|_f^{-1/2} \frac{\cos\left[\frac{r\hbar}{eH}A_f \mp \frac{\pi}{4}\right]}{\sinh\left[\frac{\pi r\hbar k_B T}{eH}\left(\frac{\partial A}{\partial E}\right)_f\right]} \end{aligned} \tag{2.87}$$

となる。ここで、$\varphi_r \equiv \lambda_r/\sinh\lambda_r$ として、次のようになる。

$$\begin{aligned}\lambda_r &\equiv \frac{\pi r k_B T \hbar}{eH}\left(\frac{\partial A}{\partial E}\right)_f \\ &= 2\pi^2\left(\frac{rk_B T}{eH\hbar}\right)m^* = 2\pi^2 r \frac{k_B T}{\hbar\omega_c}\end{aligned} \tag{2.88}$$

$$m^* = \frac{\hbar^2}{2\pi}\left(\frac{\partial A}{\partial E}\right)_f \tag{2.89}$$

磁化の振動項 $\widetilde{M}$ は

$$\widetilde{M} = -\frac{\partial \widetilde{U}_r}{\partial H} \tag{2.90}$$

から求められるが、磁場に強く依存するのは cos の項なので、この項だけを H で微分すると、

$$\widetilde{M} = \frac{Ve\hbar A_f}{4\pi^3 m^*}\left(\frac{eH}{2\pi\hbar}\right)^{1/2}\left|\frac{\partial^2 A}{\partial k_z^2}\right|_f^{-1/2} \sum \frac{\varphi_r}{r^{3/2}} \sin\left(\frac{r\hbar A_f}{eH} \mp \frac{\pi}{4}\right) \tag{2.91}$$

2.8 伝導電子の磁性

となる．この式で sin の項が，$1/H$ に対して周期的に振動する**ド・ハース－ファン・アルフェン効果**となる．

上式の導出では，電子のスピンを無視した．次に，スピンの効果を考える．電子系に磁場が作用すると，そのエネルギーはランダウ準位に量子化される．すなわち図 2.17 のようになり，各準位間のエネルギー差は $h\omega = ehH/m^*$ で等間隔である．電子のスピンを考慮すると，各ランダウ準位はゼーマン（Zeeman）効果によりさらに2つのサブバンドにスピン分離する．ランダウ準位からのエネルギー差は，

$$\Delta = \pm \frac{1}{2} g\mu_0 H \tag{2.92}$$

である．ここで g, μ_0 はそれぞれ g 因子，ボーア磁子であり，m を真空中における電子の質量として $\mu_0 = e\hbar/2m$ である．

簡単のため，(2.91) を

$$\widetilde{M} = \sum_r M_r \sin\left(\frac{r\hbar A_f}{eH} \mp \frac{\pi}{4}\right) \tag{2.93}$$

と書く．スピンの効果によって生じたサブバンドの位相は，ランダウ準位の各間隔に対して $\pm 2\pi\Delta/\hbar\omega_c$ だけ異なるので，スピンを考えた場合の振動は，

$$\widetilde{M} = \frac{1}{2}\sum_r M_r \sin\left[\left(\frac{r\hbar}{eH}A_f \mp \frac{\pi}{4}\right) + 2\pi r\frac{\Delta}{\hbar\omega_c}\right]$$
$$+ \frac{1}{2}\sum_r M_r \sin\left[\left(\frac{r\hbar}{eH}A_f \mp \frac{\pi}{4}\right) - 2\pi r\frac{\Delta}{\hbar\omega_c}\right]$$
$$= \sum_r M_r \sin\left(\frac{r\hbar}{eH}A_f \mp \frac{\pi}{4}\right) \cos\left(\frac{2\pi r\Delta}{\hbar\omega_c}\right)$$
$$= \sum_r M_r \sin\left(\frac{r\hbar}{eH}A_f \mp \frac{\pi}{4}\right) \cos\left(\frac{\pi rgm^*}{2m}\right) \tag{2.94}$$

となる．したがって，スピンを考慮した場合のド・ハース－ファン・アルフェン効果は，(2.91) にこの cos の因子を掛けた形になる．このことから，電子スピンはランダウ準位による振動の周期には影響を及ぼさないこと，

一方,振動振幅に対しては $\cos(\pi rgm^*/2m)$ の係数が掛かることによって振幅の減少効果をもつことがわかる.

自由電子の場合は $g=2$ であるが,物質内ではスピン–軌道相互作用などのため g は2とは異なった値を示す. m^* が小さく $rgm^*/m \ll 1$ の場合は振幅の変化は無視してよいが,$rgm^*/m = 2n+1$(ただし,$n=0,1,2,\cdots$)を満たすような場合には cos の項はゼロになり,そのような場合には,ド・ハース–ファン・アルフェン効果の振幅に著しい変化が生じる.

次に,ド・ハース–ファン・アルフェン効果に及ぼす試料の不完全性の影響を考察しよう.その原因となるものとしては,微量に含まれる不純物や格子欠陥(格子欠陥とは格子の不規則性である)などがあり,これらがローレンツ力による電子の軌道運動を妨げる.すなわち,電子はこれらの散乱体によって散乱され,0Kにおいてさえも電子の寿命 τ は有限となる.これはエネルギー的にはランダウ準位のぼけとして表現される.0Kの様子を図2.21に示す.図(a)は完全結晶的,すなわちデルタ関数的なランダウ準位を示す.図(b)は不純物や格子欠陥などが存在するときのランダウ準位を示す.

電子軌道の有限の寿命とランダウ準位の幅との関係はハイゼンベルクの不確定性原理から理解され,ディングル(Dingle)によって $\varGamma \approx \hbar/\tau$ のように論じられている.その結果によると,ド・ハース–ファン・アルフェン効果に及ぼす試料不完全性の影響は,振動振幅を減少させるというものであり,その減衰因子は,

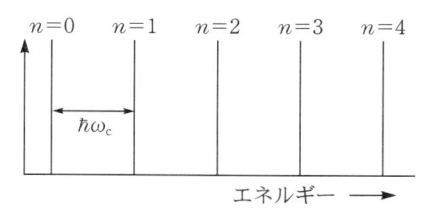

(a) デルタ関数的な鋭い準位(不完全性なし)

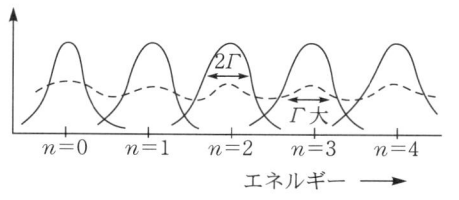

(b) 不完全性 $\varGamma$ のある,ぼけた準位

図2.21 試料の不完全性がランダウ準位に及ぼす効果

2.8 伝導電子の磁性

$$e^{k_B T_D / \hbar \omega_c} \equiv K_r \tag{2.95}$$

となる．ただし，

$$\left\langle \frac{1}{\tau} \right\rangle = \frac{2\Gamma}{\hbar} = \frac{2\pi k_B T_D}{\hbar} \tag{2.96}$$

である．T_D は**ディングル温度**とよばれ，系の乱れがド・ハース - ファン・アルフェン効果に及ぼす影響の指標となる．

以上のことを総合すると，ド・ハース - ファン・アルフェン効果の式は，電子スピンによる cos の因子と試料の不完全性による振幅の減衰因子とを考慮して，

$$\begin{aligned}\widetilde{M} = -\frac{V e \hbar A_f}{4\pi^3 m^*} \left(\frac{eH}{2\pi\hbar}\right)^{1/2} \left|\frac{\partial^2 A}{\partial k_z^2}\right|_f^{-1/2} \\ \times \sum_r \frac{\varphi_r K_r}{r^{3/2}} \cos\left(\frac{r\pi g m^*}{2m}\right) \sin\left(\frac{r\hbar A_f}{eH} \mp \frac{\pi}{4}\right)\end{aligned} \tag{2.97}$$

となる．

上式をもとにして実際に得られる情報について簡単に触れておくと，温度がそれほど低くない場合は φ_r は

$$\varphi_r = \frac{\lambda_r}{\sinh \lambda_r} = 2\lambda_r e^{-\lambda_r}(1 + e^{-2\lambda_r} + \cdots) \tag{2.98}$$

と展開でき，$r = 1$ の基本項が $\widetilde{M}$ に大きく寄与する．したがって $\widetilde{M}$ は，

$$\begin{aligned}\widetilde{M} = -\frac{V e \hbar A_f}{4\pi^2 m^*} \left(\frac{2\pi\hbar}{eH}\right)^{1/2} \left|\frac{\partial^2 A}{\partial k_z^2}\right|_f^{-1/2} \exp\left[\left(-\frac{2\pi^2 k_B}{\hbar \omega_c}\right)(T + T_D)\right] \\ \times \cos\left(\frac{\pi g m^*}{2m}\right) \sin\left(\frac{\hbar A_f}{eH} \mp \frac{\pi}{4}\right)\end{aligned} \tag{2.99}$$

となる．

実験的に得られる情報のうち最も重要な量は，磁場に垂直なフェルミ面の極値断面積 A_f で，これは，

$$A_f = \frac{2\pi e}{\hbar}\frac{1}{\varDelta\left(\frac{1}{H}\right)} = 9.547 \times 10^7 F \qquad (2.100)$$

から得られる．$1/H$ に対する振動の周期の逆数 F を**ド・ハース－ファン・アルフェン振動数**という．これを用いると，(2.99) 中の sin で表される項は，$\sin[2\pi(F/H) \mp (\pi/4)]$ と書ける．F はフェルミ面を磁場に垂直な面で切ったときの極値断面積を与える．F の次元は G（ガウス）であり，上式の場合は A_f は cm^{-2} の単位で求められる．

ド・ハース－ファン・アルフェン効果の実験から得られるのは断面積の大きさなので，これから直ちにフェルミ面の形が決定できるわけではないが，磁場方向をいろいろ変えて実験を行なえば，3次元的なフェルミ面を構築できることが多い．フェルミ面の極値が複数個存在するときには，たくさんの周期が同時に重なって測定される．このようなときにはフーリエ解析をしてそれぞれの A_f を求める．

磁化の振幅 a は (2.99) より明らかなように，磁場 H と温度 T に強く依存し，

$$a \propto TH^{-1/2} \exp\left[-\frac{2\pi^2 m^* k_{\rm B}(T + T_{\rm D})}{\hbar eH}\right] \qquad (2.101)$$

と表せるから，両辺の対数をとって整理すると，

$$\ln\frac{a}{TH^{-1/2}} \propto {\rm const} - \frac{2\pi^2 m^*}{\hbar}\frac{k_{\rm B}}{eH}(T + T_{\rm D}) \qquad (2.102)$$

となる．したがって，一定の磁場で振動振幅の温度依存性を片対数プロットすれば直線が得られ，その勾配から有効質量 m^* を求めることができる．得られた m^* はフェルミ面全体の平均の m^* でなく，磁場に垂直な極値断面の軌道にわたって平均した m^* である．

温度を一定とすると，(2.102) は $1/H$ に対して1次関数になっている．そこで m^* がわかっていれば，その直線の勾配からディングル温度 $T_{\rm D}$ を求めることができる．ここで得られる $T_{\rm D}$ は m^* の場合と同様，磁場に直角な

極値断面軌道にわたって平均した量である．

ド・ハース–ファン・アルフェン効果からは，このようにフェルミ面に関する多くの情報を得ることができる．実験的にも割合に測定しやすい効果である．そこで純金属に限らず，希薄合金や化合物の研究にも適している．図2.22にド・ハース–ファン・アルフェン効果の一例を示す．ここに見られる振動は金のフェルミ面のベリー（腹）とネック（首）とよばれる極値軌道によるものである．

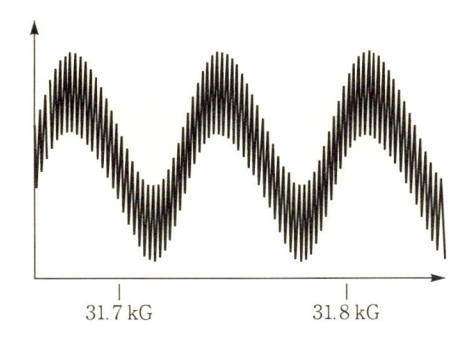

図2.22 ド・ハース–ファン・アルフェン効果の実測の1例．金のフェルミ面の腹と首の軌道に対応する2種類の振動が現れている．

2.9 格子振動 –フォノン–

結晶は周期性をもつ原子の集まりであるが，原子は熱的な振動をしている．これは周期性の破れであって，その物質の熱的，機械的性質を理解する上で重要である．結晶の原子の集団振動を**格子振動**というが，それを量子化したものを**フォノン**（音子）とよぶ．

l を格子位置を表す添字とすると，結晶に対するハミルトニアン $\mathcal{H}$ は，

$$\mathcal{H} = \sum_l \frac{M}{2} \boldsymbol{v}_l^2 + V(\boldsymbol{r}_1, \boldsymbol{r}_2, \cdots, \boldsymbol{r}_n) \tag{2.103}$$

となる．第1項は運動エネルギーであり，第2項は相互作用によるポテンシャルエネルギーである．ここで原子の位置ベクトル $\boldsymbol{r}_l$ を，平衡位置の $\boldsymbol{l}$ とそこからの変位 $\boldsymbol{u}_l$ に分解して $\boldsymbol{r}_l = \boldsymbol{l} + \boldsymbol{u}_l$ と記す．$\boldsymbol{l}$ は固定したベクトルだ

から，上式の第1項 $M\boldsymbol{v}_l{}^2/2$ は $(M/2)(d\boldsymbol{u}_l/dt)^2$ である．また，ポテンシャル項は平衡位置でのエネルギーとそこからの変位にともなう分とに分けて

$$V(\boldsymbol{r}_1, \boldsymbol{r}_2, \cdots, \boldsymbol{r}_n) = V(\boldsymbol{l}_1, \boldsymbol{l}_2, \cdots, \boldsymbol{l}_n) + \frac{1}{2}\left(\frac{d^2 V}{d\boldsymbol{r}^2}\right)_l \boldsymbol{u}_l{}^2 + \cdots \tag{2.104}$$

が成り立つ．

上式で $\boldsymbol{u}_l$ について1次の項がないのは，平衡位置（ポテンシャルの極小）の周りで展開しているからである．運動方程式は，

$$M\ddot{\boldsymbol{u}}_l = -\sum_{l'} \kappa_{ll'} \boldsymbol{u}_{l'} \tag{2.105}$$

となる．これは2原子間の相対位置 $\boldsymbol{l} - \boldsymbol{l}'$ にだけ依存する．(2.105)は並進対称性をもつのでブロッホの定理が成り立ち，その解は次の形になる．

$$u_l(t) = e^{iql} u_0(t) \tag{2.106}$$

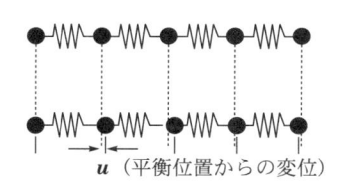

(a) 単原子から成る原子鎖

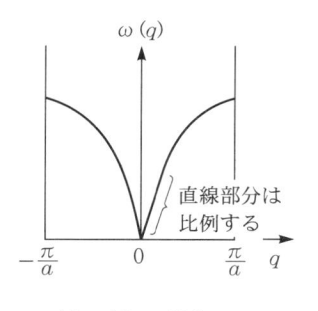

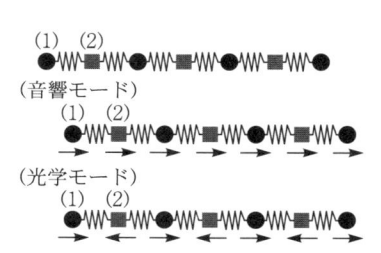

(b) 2種原子から成る原子鎖

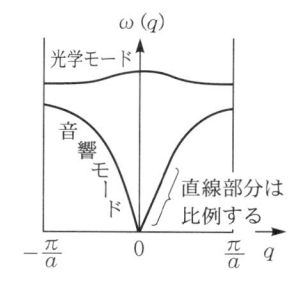

(c) (a)に対応

(d) (b)に対応

図 2.23 フォノンの2種類のモード（(a), (b)は1次元格子のモデル）

2.9 格子振動 —フォノン—

図 2.23(a) のような1次元の格子モデル,つまりバネでつながった原子の鎖を考えよう.運動方程式は,

$$M\frac{d^2 u_l}{dt^2} = -\kappa(u_l - u_{l-1}) + \kappa(u_{l+1} - u_l) \tag{2.107}$$

である.ただし,κ は隣同士を結ぶバネのバネ定数である.格子定数を a とし,$u_l = u_q e^{iql-i\omega t}$ とおいて前式に入れると

$$M\omega^2 u_q = \kappa(2 - e^{iqa} - e^{-iqa})u_q = 2\kappa(1 - \cos qa)u_q = 4\kappa \sin^2\frac{qa}{2} u_q \tag{2.108}$$

となり,これは振動子の運動方程式である.その固有振動数は次式となる.

$$\omega_q = 2\sqrt{\frac{\kappa}{M}}\left|\sin\left(\frac{qa}{2}\right)\right| \tag{2.109}$$

波数の関数として固有振動数を描くと図 2.23(c) のようになる.図(a)のように長波長 ($qa \ll 1$) では $\omega_q \approx \sqrt{\kappa/M}\, q$ となって,ω_q と q は比例関係にある.この式は連続体近似の音波の分散関係 $\omega_q \approx c_s q$ と一致する(ただし c_s は音速).系の長さ $L(=Na)$ を周期とする周期的境界条件を入れると $e^{iqL} = 1$ であるから,波数 k の値は $2\pi/L$ の整数倍になる.第1ブリルアン・ゾーン $-\pi/a < q < +\pi/a$ には N 個の振動モードが含まれる.

次に,もう少し複雑な系として,図 2.23(b) のように (1) と (2) という2種類の原子から成る場合を考える.運動方程式は先と同様にして,

$$\left.\begin{array}{l} M_1 \ddot{u}_q^{(1)} = -2\kappa u_q^{(1)} + 2\kappa \cos\left(\dfrac{qa}{2}\right) u_q^{(2)} \\[1em] M_2 \ddot{u}_q^{(2)} = -2\kappa u_q^{(2)} + 2\kappa \cos\left(\dfrac{qa}{2}\right) u_q^{(1)} \end{array}\right\} \tag{2.110}$$

と書ける.この連立方程式の固有値を与える永年方程式は,

$$\begin{vmatrix} 2\kappa - M_1\omega^2 & -2\kappa \cos\left(\dfrac{qa}{2}\right) \\ -2\kappa \cos\left(\dfrac{qa}{2}\right) & 2\kappa - M_2\omega^2 \end{vmatrix} = 0 \tag{2.111}$$

となる．固有値は，

$$\omega_\pm(q) = \sqrt{\frac{\kappa}{\mu} \pm \kappa\sqrt{\frac{1}{\mu^2} - \frac{4}{M_1 M_2}\sin\left(\frac{qa}{2}\right)}} \quad (2.112)$$

となり，図示すると図 2.23(d) のようになる．ここで $\mu = (1/M_1 + 1/M_2)^{-1}$ は換算質量である．これを波数の関数として，その分散関係を図 2.23(d) に示す．この図をみると単一原子の場合と同じく，$q \to 0$ で $\omega \to 0$ になる分枝がある．この分枝はすべての原子が同方向に変位し，連続弾性体を伝わる音波に相当するため，**音響モード**（acoustic mode）といわれる．

図 2.23(d) に現れている 2 つのモードのもう一方は 2 種類の原子が互いに逆方向に振動する振動モードで，**光学モード**（optical mode）とよばれる．2 種の原子が，＋イオンと－イオンのように電荷をもっている場合，それらが逆位相で振動する光学モードには誘電分極がともない，光学活性をもつ．

現実の結晶は 3 次元であり，しかも各原子は 3 方向の変位が可能である．結晶が N 個の単位格子から成り，各単位格子に r 個の原子があるとすると，原子の運動の自由度の総数は $3rN$ である．一方，第 1 ブリルアン・ゾーンに含まれる q の値は N 個である．したがって，$3r$ 本の異なる分枝 $\omega(q)$ があることになる．$3r$ 本の分枝のうちの 3 本は $q \to 0$ で $\omega(q) \to 0$ となる音響モード，残りの $(3r-3)$ 本は光学モードである．3 つの音響モードのうちの 1 つは，原子変位が q ベクトルの方向と平行な縦波モード，残りの 2 つは横波モードである．同様に，光学モードについても縦波 1 つに横波 2 つとなる．フォノンの分枝は Longitudinal，Transverse，Acoustic，Optical の頭文字を組み合わせて，**LA フォノン**，**TO フォノン**などという．

2.10 格子比熱と電子比熱

物質の低いエネルギー励起がフォノンであるが，フォノンによる比熱につい

2.10 格子比熱と電子比熱

て本節で述べる。フォノンはボース粒子である。エネルギー $\hbar\omega$ のフォノンの数は、$\langle n(\omega) \rangle = 1/(e^{\hbar\omega/k_B T} - 1)$ で与えられる。全エネルギーの期待値は、

$$E_{\text{total}} = \sum_q \left(\langle n(\omega) \rangle + \frac{1}{2} \right) \hbar\omega$$

$$= \frac{1}{V} \int_0^\infty \hbar\omega \left(\langle n(\omega) \rangle + \frac{1}{2} \right) D(\omega) \, d\omega \quad (2.113)$$

と表される。$D(\omega)$ はフォノンの状態密度である。定積比熱 C_V は体積一定の条件で全エネルギー E_{total} を温度で微分することによって求められる。

$$C_V = \frac{1}{V} \left| \frac{\partial E_{\text{total}}}{\partial T} \right|_V = \frac{1}{(2\pi)^3} \frac{\partial}{\partial T} \int d^3 q \frac{\hbar\omega}{e^{\hbar\omega/k_B T} - 1}$$

$$= \frac{1}{k_B T^2} \int_0^\infty \frac{(\hbar\omega)^2 e^{\hbar\omega/k_B T}}{(e^{\hbar\omega/k_B T} - 1)^2} D(\omega) \, d\omega \quad (2.114)$$

フォノンの状態密度 $D(\omega)$ は一般に図 2.24 の実線に示すように複雑な形をしているが、比熱の式にはその積分が入るだけなので、$D(\omega)$ の細かい凹凸には敏感でない。実際、比熱はデバイ（Debye）モデルという極めて単純化したモデルによって、割合によく説明できる。そこではフォノンの状態密度 $D(\omega)$ を、

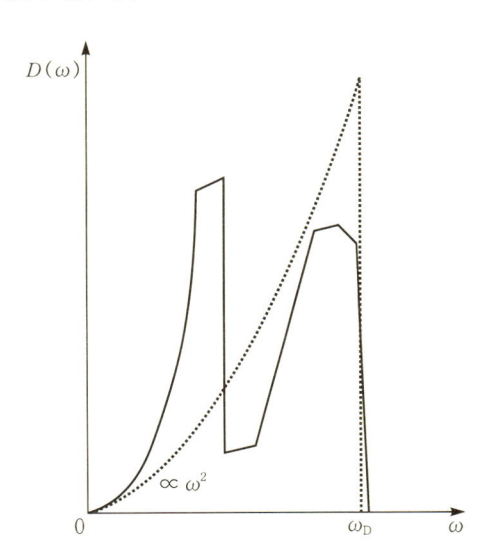

図 2.24 実線はフォノンの代表的な状態密度の例。破線はデバイ近似で用いる状態密度、ω_D はカットオフ振動数である。

$$D(\omega)\,d\omega = \frac{V}{2\pi^2}\left(\frac{1}{c_L^3} + \frac{2}{c_T^3}\right)\omega^2\,d\omega \qquad (2.115)$$

という形で近似する．ここで c_L は縦波音波の音速，c_T は横波音波の音速を表す．c_T を含む項の分子が2であるのは横波モードが2つあることに対応する．フォノン状態密度を積分したものは全自由度 $3N$ に等しくなければならないから，(2.115) をある振動数でカットオフする．このカットオフ振動数を**デバイ振動数**（ω_D）といい，

$$\begin{aligned}3N &= \int_0^{\omega_D} D(\omega)\,d\omega \\ &= \frac{V}{2\pi^2}\left(\frac{1}{c_L^3} + \frac{2}{c_T^3}\right)\frac{\omega_D^3}{3}\end{aligned} \qquad (2.116)$$

で決められる．この ω_D を用いて状態密度を書くと，

$$D(\omega)\,d\omega = \begin{cases} 3N\left(\dfrac{3\omega^2 d\omega}{\omega_D^3}\right) & (\omega < \omega_D) \\ 0 & (\omega_D < \omega) \end{cases} \qquad (2.117)$$

となる．

デバイモデルの比熱は次式のように求められ，図 2.25 にこれを示す．

$$\begin{aligned}C_V &= \frac{3Nk_B}{\omega_D}\left(\frac{\hbar}{k_B T}\right)^{2/3}\int_0^{\omega_D}\frac{3(\hbar\omega)^2 e^{\hbar\omega/k_B T}}{(e^{\hbar\omega/k_B T}-1)^2}\omega^2\,d\omega \\ &= 3Nk_B\left(\frac{T}{\Theta_D}\right)^3 3\int_0^{\Theta_D/T}\frac{x^4 e^x}{(e^x-1)^2}\,dx\end{aligned} \qquad (2.118)$$

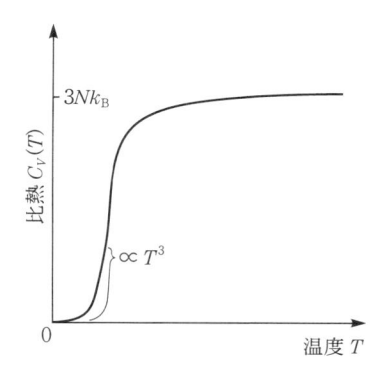

図 2.25 デバイモデルによる比熱曲線

上の式で Θ_D を**デバイ温度**という．いくつかの金属のデバイ温度を表2.1に示す．T と Θ_D の大小で分けて考えよう．

表2.1 いくつかの金属のデバイ温度

Na	ナトリウム	157 K
K	カリウム	91 K
Au	金	163 K
Ag	銀	223 K
Cu	銅	342 K
Mg	マグネシウム	396 K
Zn	亜鉛	319 K
Al	アルミニウム	428 K
Pb	鉛	106 K

（I） $T \gg \Theta_D$ の場合，被積分関数を x で展開できて，

$$\int_0^{\Theta_D/T} \frac{x^4 e^x}{(e^x-1)^2} dx = \frac{1}{3}\left(\frac{\Theta_D}{T}\right)^3 \quad (2.119)$$

となる．したがって，この比熱は，

$$C_V = 3Nk_B \quad (T \gg \Theta_D) \quad (2.120)$$

となる．高温では全自由度にエネルギーが当配分される．したがって，比熱は $k_B \times$（自由度）である．これは，デュロン‐プティ（Dulong‐Petit）の法則として知られていることである．

（II） $T \ll \Theta_D$ の場合，$T \ll \Theta_D$ の積分の上限を無限大におきかえることができるので，

$$\int_0^\infty \frac{x^4 e^x}{(e^x-1)^2} dx = \frac{4}{15}\pi^4 \quad (2.121)$$

となり，比熱は，

$$C_V = \frac{12}{5}\pi^4 Nk_B \left(\frac{T}{\Theta_D}\right)^3 \quad (2.122)$$

となる．したがって，低温での比熱は T^3 に比例することがわかる．その比例係数はデバイ温度で決まる．

デバイ温度は結晶の硬さを表すパラメーターでもある．例えばC（ダイヤモンド）では 2073 K，立方体 Si では 898 K，K では 373 K，Pb では 361 K，Cu では 588 K，Au では 443 K，Ar では 358 K である．デバイ温度が最も高い物質はダイヤモンドであるが，硬度も最も大きい．デバイ温度の低いものほど格子が軟かく，エネルギーの低いところにフォノン状態が多く存在するので，低温比熱は大きくなる．Pb などがその例である．

絶縁体の比熱はすべてフォノンによるものであり，低温で $C_V \propto T^3$ が良く成り立つ．金属の場合はフォノンの比熱に伝導電子系の比熱が加わり，

$$C_V = \alpha T^3 + \gamma T \tag{2.123}$$

となる．ここで γT は電子比熱である．この式は $C_V/T = \gamma + \alpha T^2$ と書き改められるので，C_V/T を T^2 に対してプロットすると直線が得られる．その勾配からデバイ温度が得られ，縦軸の切片から電子比熱係数が得られる．

ここで電子比熱係数 γ を簡単に出しておこう．もし N 個の原子が電子気体に各々1個ずつの電子を与えるならば，単原子気体の比熱と同様に，伝導電子は比熱に $3Nk_B$ の寄与をすべきである．実験によれば，電子比熱はこの 0.01 倍程度にすぎない．ゾンマーフェルトはこの矛盾を次のように説明した．

$T = 0$ の金属中の電子はフェルミ縮退している．すなわちフェルミエネルギー E_F までの状態がすべて詰まっている．いま，温度を T としたとき，どの電子も $k_B T$ 程度のエネルギーを得るのではなく，フェルミ準位近傍の $k_B T$ の幅内にある電子だけが熱的に励起される．つまり電子の総数を N とすれば，そのうち T/T_F 程度の電子だけが熱的に励起される．

詳しい計算によれば電子比熱は，

$$C_{\mathrm{el}} = \frac{\pi^2}{3} N(E_F) k_B^2 T = \frac{2\pi^2}{9} \frac{n_e}{E_F} k_B^2 T = \frac{2\pi^2}{9} n_e k_B \frac{T}{T_F} \tag{2.124}$$

となる．これは伝導電子がフェルミ統計に従うとした場合である．仮に古典統計としてみると，

$$C_{\mathrm{el}}^{\mathrm{classical}} = \frac{3}{2} n_e k_B \tag{2.125}$$

となる．そこでフェルミ統計の場合との比は，

$$\frac{C_{\mathrm{el}}}{C_{\mathrm{el}}^{\mathrm{classical}}} = \frac{4\pi^2}{3} \frac{T}{T_F} \tag{2.126}$$

となって，多くの金属で $T_F \approx 3 \times 10^4$ K くらいだから室温 (300 K) では C_{el} は古典統計から予想される値の 1/100 程度である．小さい電子比熱はこうして説明される．

3 フェルミ面の種々相

3.1 1価金属

3.1.1 アルカリ金属

　アルカリ金属は体心構造をとる．伝導電子は，Li, Na, K, Rb, Cs の順に 2s から 6s まで s 電子が伝導に与かり，1価金属である．第1ブリルアン・ゾーンには1原子当り2個の電子が収容可能であるから，1価金属のフェルミ面は第1ブリルアン・ゾーンの体積の半分しか占めない．

　図 3.1 は Li のブリルアン・ゾーンとフェルミ面を描いたものである．電子によって占められていないバンドは，ブリルアン・ゾーンの面中心の中では図の点 N において最も低いエネルギーをもつが，そこでもフェルミ準位にはかからないので，フェルミ面はこの図のように真球に近い．他のアルカリ金属も真球に近いフェルミ面をもつ．例えば，Na のフェルミ面は真球から 0.1% の歪みしかない．

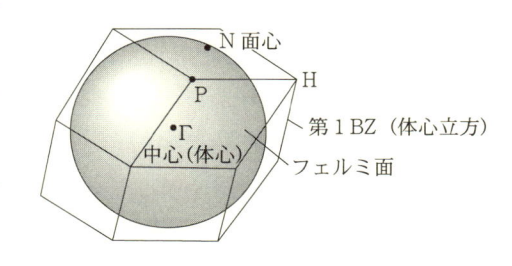

フェルミ球が BZ に届かない

図 3.1　アルカリ金属（Li, Na, K, Rb, Cs）のフェルミ面

3.1.2 貴金属

球状のフェルミ面は(111)面上で接触し，図3.2のように点L上で別のブリルアン・ゾーンとつなぐような首（ネック）をもつ．極大切り口の軌道を腹（ベリー）というが，この腹の断面積を P とすると，首部分の断面積は Au, Ag, Cu についてそれぞれ $0.16P$, $0.13P$, $0.18P$ と実験的に求められている．

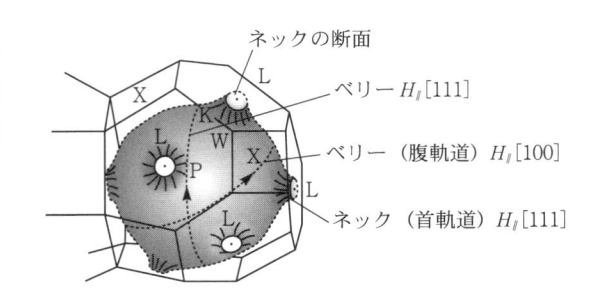

図3.2 貴金属（fcc）(Au, Ag, Cu) の第1ブリルアン・ゾーンとフェルミ面

ラベル：ネックの断面，ベリー $H_\parallel [111]$，ベリー（腹軌道）$H_\parallel [100]$，ネック（首軌道）$H_\parallel [111]$

このように貴金属のフェルミ面は多連結の構造をもつため，多くの方向について，その垂直断面は電子的軌道とホール的軌道とが併存する．このような場合に**磁気抵抗**（電気抵抗の磁場による変化）が飽和しないことは後述する．

3.2 2価金属

2価金属のうち，六方稠密格子（hcp）の結晶構造をとるものが Zn, Cd, Hg であり，面心立方格子（fcc）の結晶構造をとるものが Ca, Sr などである．例えば，Ca 原子の電子構造は $(1s)^1(2s)^2(2p)^6(3s)^2(3p)^6(4s)^2$ である．

Ca のフェルミ面と第1ブリルアン・ゾーンを図3.3に示す．図(a) の点 W と点 K の正孔ポケット（小さい正孔のフェルミ面のこと）はつながっており，その形状から**モンスター**とよばれている．図(b) は点 K の周りの第3ゾーンにはみ出した電子ポケット（電子の小さいフェルミ面）の様子を表す．モンスターは図3.3の図(c) に描いてある．

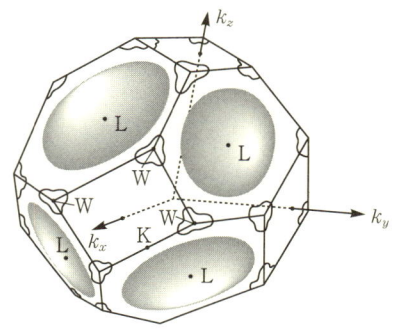

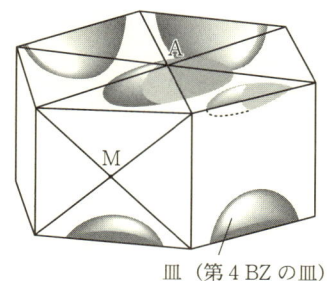

(a) 第 3, 4 BZ の電子（点 L の周りの丸いもの）と正孔（点 W の周りの三角の丸まったもの）

(b) 第 3, 4 BZ の電子の皿状のもの

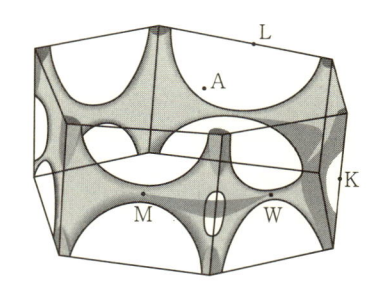

(c) 第 1, 2 BZ の正孔（モンスター）

図 3.3　Ca のフェルミ面．第 2 BZ にはみ出した電子（点 L の周りのフェルミ面）と第 1 BZ に残った正孔（点 W の周りのフェルミ面）は同数である．[4]

3.3　3価金属

　3価金属の代表として，詳しく研究されている Al（アルミニウム）を選んでおく．Al は面心立方構造（fcc）をもち，$(3s)^2(3p)^1$ の 3 個の価電子が伝導電子となる．1 原子当り 3 個の自由電子フェルミ球（真球）を描くと，第 1 ブリルアン・ゾーンは完全に電子で埋められる．第 2 ブリルアン・

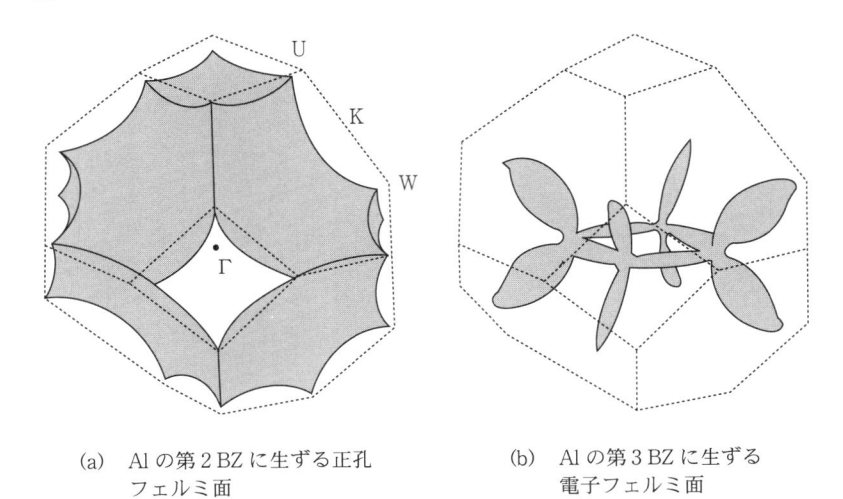

(a) Al の第2BZ に生ずる正孔フェルミ面 (b) Al の第3BZ に生ずる電子フェルミ面

図 3.4　Al のフェルミ面

ゾーンには図 3.4(a) のような形状の正孔フェルミ面ができる．第3ブリルアン・ゾーンにはみ出した電子ポケットは互いに皆つながって，図 3.4(b) のような形状になる．これもモンスターと称される．

他に3価の元素としては B, Ga, In, Th がある．B は金属的でなく，Ga, In, Th は結晶構造の違いによる複雑性がある．

3.4　4価の物質 － 半金属と半導体 －

共有結合性の多価元素固体には

$$n(価電子数) + X(最隣接原子数) = 8 (s電子2個, p電子6個)$$

という価電子の法則がある．周期律表の中央の列に位置するⅣ族の物質，C, Si, Ge, Sn, Pb の場合，価電子数 n は4である．C（ダイヤモンド），Si, Ge は次章の図 4.2 のようなダイヤモンド構造をとる．ダイヤモンド構造における最隣接原子数は4であり，上記の関係が満たされている．ダイヤモンド

3.4 4価の物質 — 半金属と半導体 —

はエネルギー・ギャップが 5.5 eV であり，絶縁体の部類に属する．Si と Ge はエネルギー・ギャップがそれぞれ 1.1 eV, 0.67 eV の半導体である．半導体の性質については次章で詳しく述べる．

ダイヤモンドと同じく炭素のみからできている物質としてグラファイトがある．著者はグラファイトについていささか研究したので，それについて少し詳しく述べる．

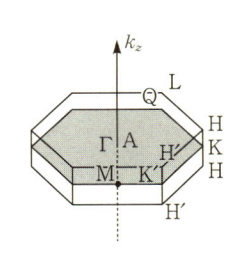

(a) グラファイトの BZ

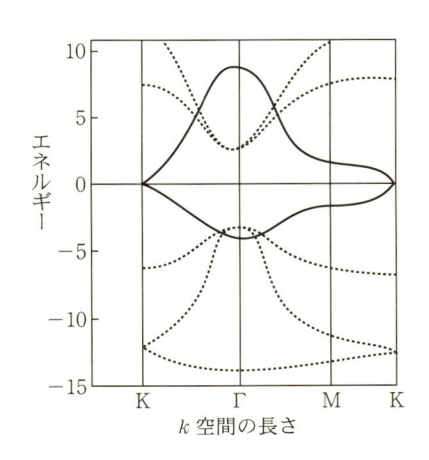

(b) 2次元的エネルギーバンド

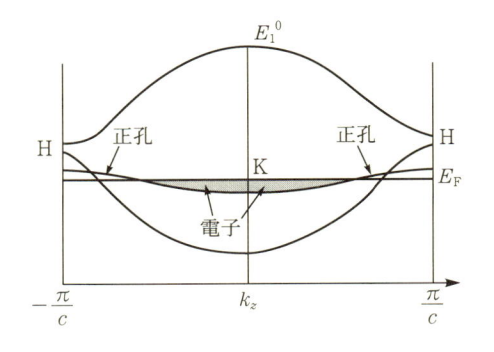

(c) グラファイトのバンド構造

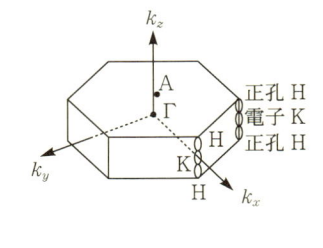

(d) BZ におけるフェルミ面の配置

図 3.5 グラファイトのブリルアン・ゾーンとエネルギー構造

3. フェルミ面の種々相

グラファイトの結晶は六方晶系で 2 次元性の強い層状構造である．2 次元面は蜂の巣格子であり，炭素間距離は 1.42 Å である．層内の結合は（sp²）ボンドとよばれる強固な結合である．それに対して層間距離は 3.35 Å もあり，ファン・デル・ワールス力で結合しているので弱い．したがって，層面に沿ってよくへき開する．グラファイトが滑りやすく鉛筆の芯などに用いられるのは このためである．

ブリルアン・ゾーンは図 3.5(a) のような六角柱である．2 次元のグラファイトは図 3.5(b) のようなバンド構造をもつ（図中 (b) の太線はエネルギー 0 を通るエネルギーバンド）．また，六角形ブリルアン・ゾーンの点 K において価電子帯と伝導帯が接するゼロギャップの半導体である．層間の相互作用を入れると，これらのバンドに重なりが生じて図 3.5(c) のようなバンド構造となり，同数の電子と正孔をもつ半金属となる．グラファイトの 3 次元バンド構造は，すぐ後で述べるように いわゆるスロンチェウスキー–ワイス（Slonczewski–Weiss）の式とマクルアー（McClure）の近似によってエネルギーの解析的表現が得られ，合わせて **SWM モデル**といわれている．

グラファイトのフェルミ面は図 3.5(d) のように，六角柱ブリルアン・ゾーンの端の H–K–H 辺に位置する．この非常に細長いフェルミ面は図 3.6（実際より太く描いてある）のごとくで点 K と点 H 近くにそれぞれ電子と正孔のポケットがある．実際，実験でもそのようになっている．

寿栄松 宏仁氏と著者は，円偏波マイクロ波空胴をつくり，右周りか左周りかがわかるようなサイクロトロン共鳴の実験を行なった．図 3.7(a) は円偏波の回転方向を反時計周り（−）にして図 3.5(a) の k_z を軸とする方向に磁場をかけ，それを電子が共鳴する方向（−）に掃引させた場合のマイクロ波反射強度 R の 2 次微分を示している．共鳴点である点 K を中心とする断面軌道には定常値をもつので，サイクロトロン共鳴が生ずる．点 H を中心とする軌道面は定常でない質量をもつので，サイクロトロン共鳴は生じない．ω_c をサイクロトロン周波数，ω を動作周波数として図 3.7(b) の直線は

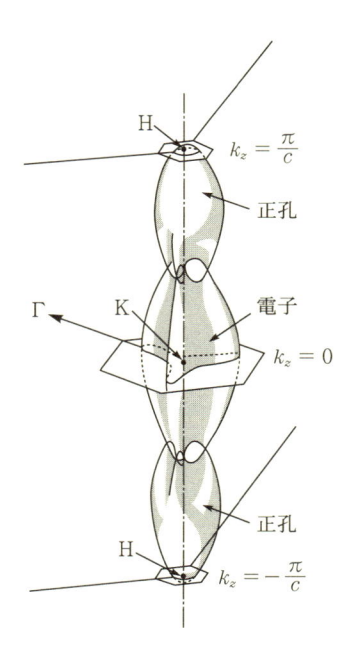

3.4 4価の物質 — 半金属と半導体 —

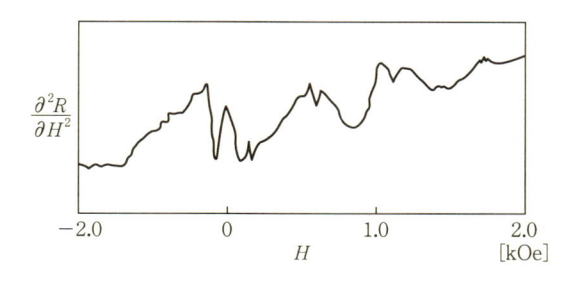

(a) グラファイトのサイクロトロン共鳴
(69.08 GHz での吸収曲線)

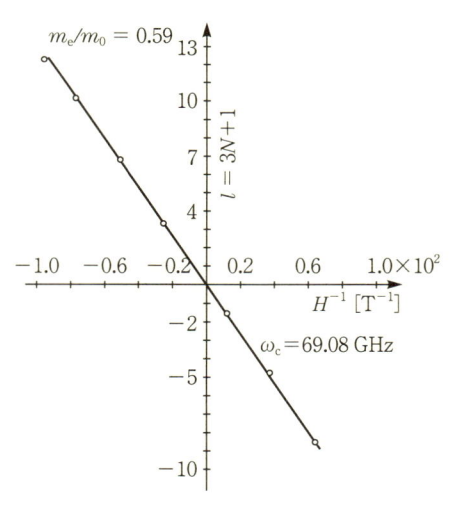

(b) グラファイトのサイクロトロン共鳴（共鳴磁場の逆数と $l = 3N+1$ のプロット）

図 3.6 グラファイトのフェルミ面の形状（見やすいように HKH 線に垂直な方向を膨らませて太くしてある）[5]

図 3.7 グラファイトのサイクロトロン共鳴[6]

$\omega_c = \omega$ を表す．このようにして点 K の周りが電子，点 H の周りがホールと定まったのである（実は，この実験以前は電子と正孔のポケットが逆と考えられていた）．

ところで，図 3.7(a), (b) にあるように，図 (a) ではゼロより左側，図 (b) ではゼロより右側すなわち，反対側にも共鳴線がみえるのは，電子軌道が図 3.6 のようにへちまの切り口のように歪んでいると考えられるからである．すなわち，全体としては電子軌道であるが，図 3.6 のように切り口が凹んで正孔的な軌道にもなっている．電子と正孔の全体像は図 3.5(d) のようになっている．

グラファイトは通常のシュブニコフ－ド・ハース振動の他に，強磁場において特異な磁気抵抗を示すが，それについては，原因が電荷密度波と考えられているので 8.7 節で述べる．

グラファイトのバンド構造については，次のスロンチェウスキー－ワイスの式が良い近似と考えられている．

$$\left.\begin{aligned}
H &= -\begin{vmatrix} E_1 & 0 & H_{13} & H_{13}^* \\ 0 & E_2 & H_{23} & -H_{23}^* \\ H_{13}^* & H_{23}^* & E_3 & H_{33} \\ H_{13} & -H_{23} & H_{33}^* & E_4 \end{vmatrix} \\
H_{13} &= -\frac{1}{\sqrt{2}} n_1 k e^{i\alpha} \\
H_{23} &= -\frac{1}{\sqrt{2}} n_2 k e^{i\alpha} \\
H_{33} &= n_3 e^{i\alpha}
\end{aligned}\right\} \quad (3.1)$$

ここで k は (k_x, k_y) 面内の波数ベクトル $\boldsymbol{k}$ の大きさで，α は k_x 軸からの $\boldsymbol{k}$ の角度である．

また，マクルアーにより，

$$
\left.\begin{aligned}
E_1 &= \Delta + 2\gamma_1 \cos\phi + 2\gamma_5 \cos^2\phi \\
E_2 &= \Delta - 2\gamma_1 \cos\phi + 2\gamma_5 \cos^2\phi \\
E_3 &= 3\gamma_2 \cos^2\phi \\
n_1 &= \frac{\sqrt{3}}{2} a(\gamma_0 - 2\gamma_4 \cos\phi) \\
n_2 &= \frac{\sqrt{3}}{2} a(\gamma_0 + 2\gamma_4 \cos\phi) \\
n_3 &= \sqrt{3}\, a\gamma_3 \cos\phi \\
\phi &= k_z c
\end{aligned}\right\} \quad (3.2)
$$

γ_0: 面内の最近接原子同士の重なり積分

γ_1: 隣接層の上下に重なる原子（α タイプ）間の重なり積分

γ_2: 1つおきの隣接層に属する原子（β タイプ）間の相互作用

γ_3: 2つの E_3 バンド間の相互作用

γ_4: E_3 バンドと E_1, E_2 バンドとの相互作用

γ_5: 第2隣接層間の相互作用

Δ: α タイプと β タイプの違いによるエネルギー・シフト

E_F: E_3 バンドの点 K の値をゼロとして測ったフェルミエネルギー

となっている．

3.5 5価の物質 —半金属—

5価の元素は N, As, P, Sb, Bi であるが，これらのうち As, Sb, Bi は，

$$8(s^2 p^6) - 5(価電子数) = 3(最隣接原子数)$$

の法則が成り立ち，非常に小さいフェルミ面をもつ半金属である．図 3.8 は Bi 型金属の結晶構造である．結晶構造は図に示したように，単純立方格子を2つの fcc サイトに分け，立方体の対角線方向に相互にわずかに移動させたような形をもつ．この変形の結果，最隣接原子数は3となり，上記の法則

66   3. フェルミ面の種々相

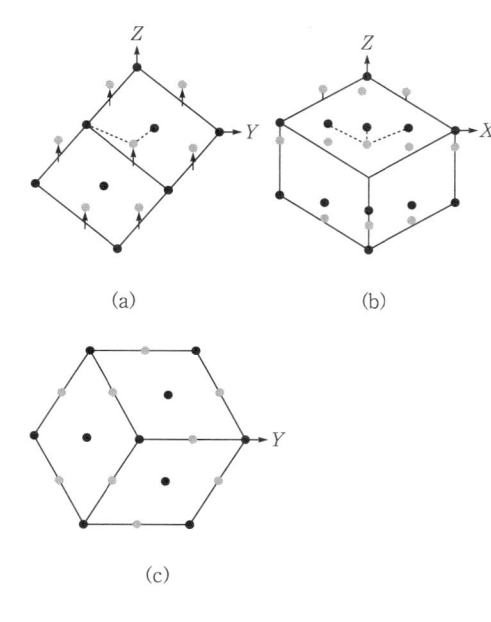

図 3.8 Bi 型結晶の構造(図中の点線は最近接ボンド(3 本))
(a) 1 つの単純立方格子を ⟨111⟩ 方向に少しずらした Bi 型結晶
(b) (a) と同じように ⟨111⟩ 方向に少しずらしたもの
(c) 単純立方格子を 2 つ組み合せた fcc 格子

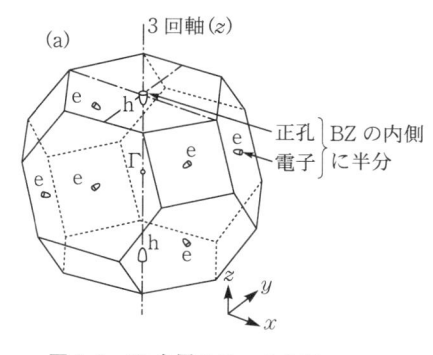

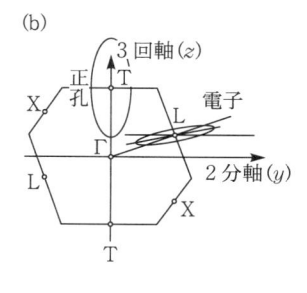

図 3.9 Bi 金属のフェルミ面
(a) Bi のフェルミ面
(b) フェルミ面のみを拡大.電子の楕円体の体積の 3 倍が,正孔の楕円体の体積となる.

3.5 5価の物質 — 半金属 —

に合う．図3.9はBiのフェルミ面である．

Biは高純度試料が作製しやすいことから，実用には用いられなかったが古くから電子的性質が詳しく調べられている金属である．Biは5価の結晶で図3.8の結晶構造をもち，半導体とはならずにフェルミ面の非常に小さい半金属となる．計算ではBiでのフェルミ面は図3.10に示すように非放物・非楕円体モデルのようになる．実際は楕円体モデルにかなり従う．

ここで少しBiの磁場に平行な縦磁気抵抗の風変わりな振舞に触れておこう．図3.11がそれであるが，磁場に垂直な横磁気抵抗と違い，1.3 Kから4.2 Kに至るまで，昇温とともに振幅が大きくなっている．振動波形はもちろんランダウ量子化によるものであるが，通常のシュブニコフ–ド–ハース効果だと振動の振幅は昇温とともに小さくなる．実際，磁場に垂直な横磁気抵抗ではそのようになっている．磁場に平行な縦磁気抵抗で最も大きいのはどの温度の場合も1.25 kOeのものであるが，伝導は図3.10の矢印Aの散乱によるものが抵抗を決める．温度が低くなると他の不純物散乱が少なくなって振動の振幅が大きくなるが，この場合はA

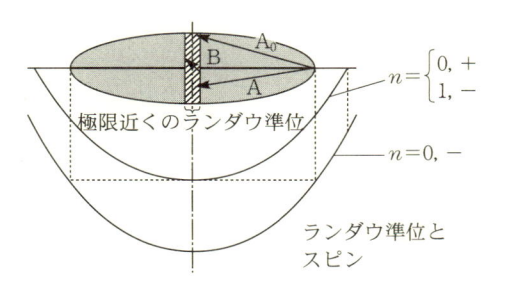

図3.10 Biの楕円体．フェルミ面の量子極限近くのランダウ準位．

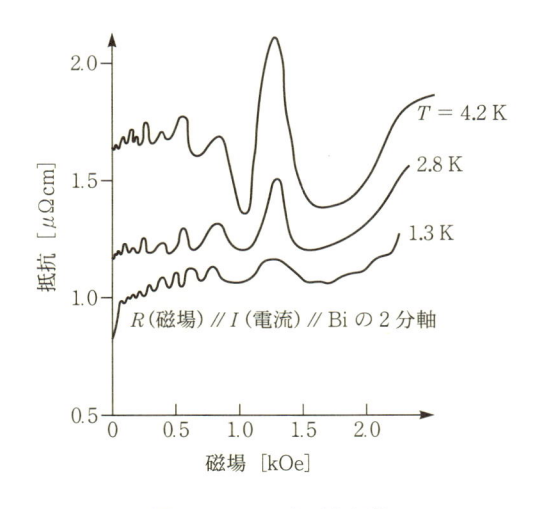

図3.11 Biの縦磁気抵抗

（中でも A_0）の散乱が大きく，その散乱はある程度温度が高まるほど大きくなり，伝導に寄与するのである．

フェルミ面の大きさはⅤ族の半金属の中では Bi が最小で，電子（および正孔）ポケットの体積はブリルアン・ゾーンの 1.2×10^{-5} 倍にすぎない．フェルミ面は Sb ではやや大きく，As ではさらに大きい．図 3.12(a) に奇妙な形をした As のフェルミ面を示す．これはバンド計算から予想されたものである．実験との比較は，図 3.12(b) のように単純化した形状で解析が行なわれている．

なお，6価の元素物質としては，Se, Te がある．6価元素の固体については，

$$8(s^2p^6) - 6(価電子数) = 2(最隣接原子数)$$

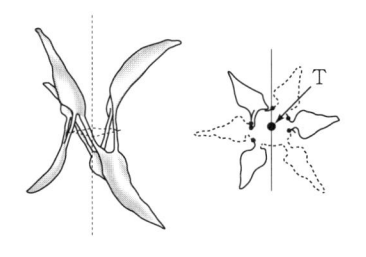

(a) As の正孔のフェルミ面（計算）

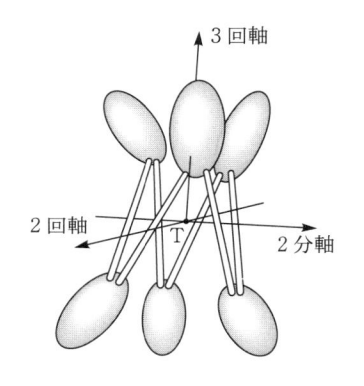

(b) As の正孔のフェルミ面（ド・ハース-ファン・アルフェン効果）

図 3.12 As の正孔のフェルミ面

となるはずだが，Se, Te についてみると，その結晶構造は引き伸ばしたラセンを束ねた形でラセンとラセンの間隔は遠く，1つの原子はラセンの中で相隣する2つの原子を最隣近原子としてもつもので，やはりこの法則に合う．Se も Te も半導体である．

4 半導体

4.1 真性半導体

前章で1価から6価までの単体元素結晶について述べてきたが，金属もあり半導体もあった．図 2.4(c), (d) または図 4.1(a), (b) はバンド構造からみた金属と絶縁体（半導体）の違いを表す．フェルミ準位がバンドの途中にあれば金属であり，ギャップの中にあれば絶縁体である．絶縁体のうち，バンド・ギャップが比較的小さいものが半導体である．絶縁体と半導体の明確な区別はない．バンド・ギャップ ΔE が $k_\mathrm{B}T$ と比べてそれほど大きくない物質は，**真性半導体**といわれる．

半導体の典型は Si と Ge である．これらは4価の元素だが最隣接原子が4個あり，$4[s^2p^2] + 4 = 8[s^2p^6]$ が成り立つ．Se, Te では最隣接原子は2個

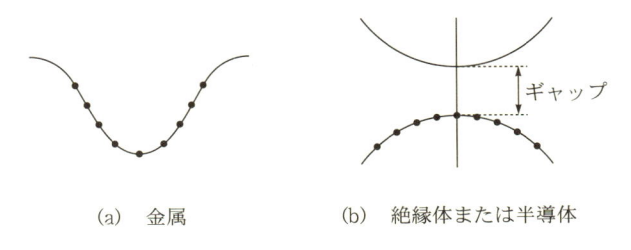

(a) 金属　　(b) 絶縁体または半導体

図 4.1　金属と半導体（黒丸は電子で占められていることを表す）

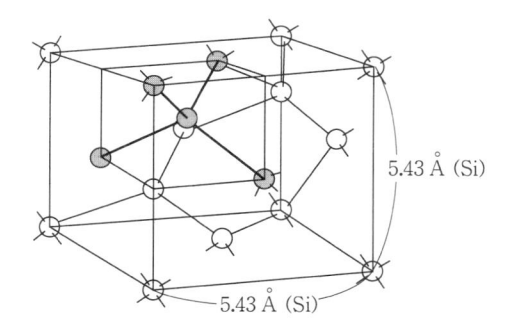

図 4.2 C, Si, Ge のダイヤモンド型結晶構造

で $6[s^2p^4] + 2 = 8[s^2p^6]$ が成り立つ.これらは $[s^2p^6]$ =(8 電子がおさまる sp 殻)を安定化するためである.こういう結合手(Se, Te で 2 個, Si, Ge で 4 個を共有結合手という)は,Si, Ge でいえば最隣接 4 個の共有原子を含めて 8 個の sp 殻を完成する.Si, Ge の結晶構造は図 4.2 に示したようなダイヤモンド格子である.これは 2 組の fcc 格子を互いに $(a/4, a/4, a/4)$(a は格子定数)だけずらした形になっている.

真性半導体では図 4.3 のように,フェルミ準位はエネルギー・ギャップのほぼ中央にあり,価電子帯の電子の一部が伝導帯に熱的に励起される.伝導帯に上がった電子は伝導に寄与し,価電子帯に生じた同数の正孔も正電荷をもった粒子として伝導に寄与する.

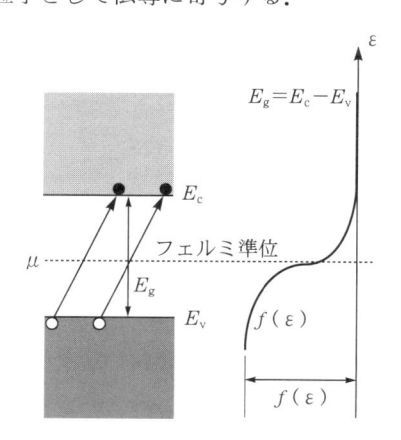

図 4.3 真性半導体の図

4.1 真性半導体

一般に，半導体は電子と正孔による伝導機構をもつ．温度 T のとき f をフェルミ分布関数，g を状態密度関数とすると，

$$f(E, T) = \frac{1}{1 + e^{(E-\mu)/k_B T}} \tag{4.1}$$

$$\left. \begin{array}{l} g_c(E) = \dfrac{\sqrt{2}\, m_e^{3/2}}{\pi^2 \hbar^2}(E - E_c)^{1/2} \\[6pt] g_v(E) = \dfrac{\sqrt{2}\, m_h^{3/2}}{\pi^2 \hbar^2}(E_v - E)^{1/2} \end{array} \right\} \tag{4.2}$$

となる．ここで E_c は伝導帯の底のエネルギー，E_v は価電子帯の頂上のエネルギーを表す．m_e, m_h はそれぞれ電子，正孔の有効質量を表す．よって電子密度 n は

$$n = 2\left(\frac{m_e k_B T}{2\pi \hbar^2}\right)^{3/2} e^{(\mu - E_c)/k_B T} \tag{4.3}$$

となる．ただし，μ は化学ポテンシャル（またはフェルミ準位）である．正孔の密度 p は，

$$p = 2\left(\frac{m_h k_B T}{2\pi \hbar^2}\right)^{3/2} e^{(E_v - \mu)/k_B T} \tag{4.4}$$

となり，n と p を掛けることにより，

$$np = 4\left(\frac{k_B T}{2\pi \hbar^2}\right)^3 (m_e m_h)^{3/2} e^{-E_g/k_B T} \tag{4.5}$$

となって μ を含まない．ここで $E_g = E_c - E_v$ である．これは一種の質量作用の法則である．

真性半導体では電子数 n とホール数 p は等しい．この場合を intrinsic（真性）という意味の添字 i を付けて表すことにすると，

$$n_i = p_i$$

$$= 2\left(\frac{k_B T}{2\pi \hbar^2}\right)^{3/2} (m_e m_h)^{3/4} e^{-E_g/2k_B T} \tag{4.6}$$

であり，この場合の化学ポテンシャル（フェルミ準位）は，

$$\mu = \frac{1}{2}E_\mathrm{g} + \frac{3}{4}k_\mathrm{B} T \ln \frac{m_\mathrm{h}}{m_\mathrm{e}} \tag{4.7}$$

となる．絶対零度での化学ポテンシャル（フェルミ準位）はギャップの真中にある．つまり，

$$E_\mathrm{F} = \mu(T=0) = \frac{E_\mathrm{g}}{2} \tag{4.8}$$

である．もしも電子と正孔の有効質量が等しい（$m_\mathrm{h} = m_\mathrm{e}$）ならば，有限温度でも化学ポテンシャルはギャップの真中にとどまる．

4.2 不純物半導体

4 価の Si に対して 5 価の P, As, Sb のどれかをごく少量添加（ドープ）すると，5 個の価電子のうち 4 個は共有結合の形成に使われるが，残りの 1 個が余る．つまり，それらの原子は Si より価電子が 1 つ多いため，余分の電子を供給する．このような不純物を**電子供与体**（**ドナー**）とよぶ．逆に 3 価の Ga, Al, B のいずれかをドープすると，それらの原子は Si より電子が 1 つ足りないまま共有結合を形成するため，1 個余分の電子をとり込む．つまり，3 価の不純物原子は**電子受容体**（**アクセプター**）となる．このようにドーピングによって伝導を担うキャリアー（担体）を制御できることが，半導体を工業的に重要なものにしている特徴の一つである．ドーピングによってキャリアーを制御している半導体を**不純物半導体**という．

不純物原子がアクセプターの場合は電子を 1 つ捕まえて負イオンとなり価電子帯に正孔を与え，系は p 型半導体となる．ドナーの場合は電子を 1 つ放出して正イオンとなり伝導帯に伝導電子を与え，系は n 型半導体となる．不純物準位はエネルギー・ギャップ中でバンド端から数十 meV 程度の比較的浅い位置にある場合が多いので，室温程度の温度でもキャリアーがバンド

中に熱励起される．十分低温では，キャリアーは不純物準位に束縛される．

ところで，アクセプターがドナーよりずっと多いときにはホール密度は，
$$p \cong (N_\mathrm{v} N_\mathrm{A})^{1/2}\, e^{-E_\mathrm{a}/2k_\mathrm{B}T} \tag{4.9}$$
反対にドナーが多い場合は，
$$n \cong (N_\mathrm{c} N_\mathrm{D})^{1/2}\, e^{-E_\mathrm{d}/2k_\mathrm{B}T} \tag{4.10}$$
となる．ここで $N_\mathrm{A}, E_\mathrm{a}, N_\mathrm{D}, E_\mathrm{d}$ はそれぞれアクセプターおよびドナーの密度とエネルギー準位であり，$N_\mathrm{v}, N_\mathrm{c}$ は次式で与えられる量（各々の状態密度に相当する）である．
$$N_\mathrm{v,c} = 2\left(\frac{m_\mathrm{h,e} k_\mathrm{B} T}{2\pi \hbar^2}\right)^{3/2} \tag{4.11}$$

図 4.4(a) はキャリアーの数密度（の対数）を $1/T$ に対してプロットしたものである．図 4.4(b) は (a) の場合に対応してフェルミ準位を描き，

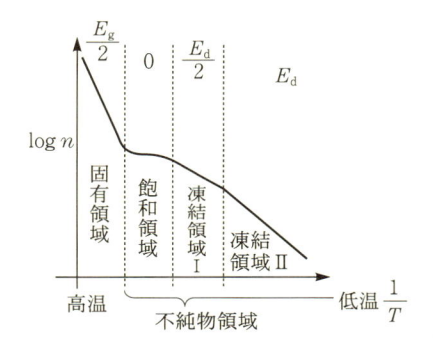

(a) キャリアー数の温度依存

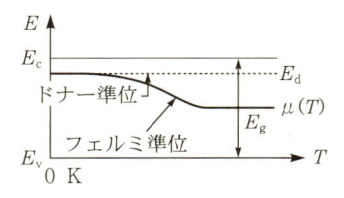

(b) フェルミ準位の温度依存

図 4.4 キャリアー数とフェルミ準位の温度依存

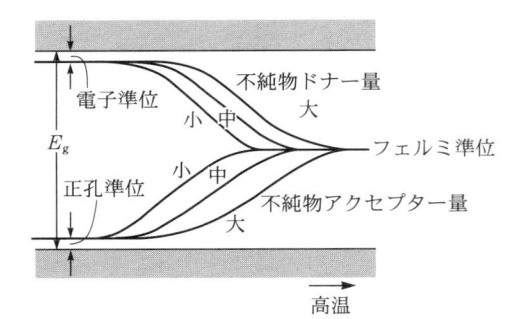

図 4.5 不純物量とフェルミ準位

図 4.5 は不純物濃度とフェルミ準位の関係を描いたものである．高温でフェルミ準位が中心にくるのは，上下のバンドからの電子の励起が多くなるためである．

5
磁気抵抗と磁気貫通

5.1 磁気抵抗とホール効果

　磁場の印加による物質の電気伝導の変化として，磁気抵抗とホール効果について説明する．**磁気抵抗**というのは，磁場の関数としての電気抵抗の相対的変化 $\Delta\rho(H)/\rho(0) = \{\rho(H) - \rho(0)\}/\rho(0)$ である．変化といっても多くの場合が増大である．

　ホール (Hall) 効果というのは，図 5.1(a) のように試料の $+x$ 方向に電流 I を流して $+z$ 方向に磁場 H を印加すると，ローレンツ力によって $-y$ 方向に電流が流れようとする現象である．試料には端があるためにこの電流は実際には流れず，$-y$ 方向に電場が生ずるというものである．これはホール電場 V_H/w とよばれる．ホール係数は

$$R_\mathrm{H} \equiv \frac{E_y}{J_x H} = \frac{\dfrac{V_\mathrm{H}}{w}}{\dfrac{I}{wd}H} = \frac{V_\mathrm{H} d}{IH} \tag{5.1}$$

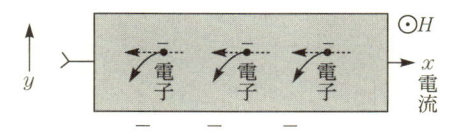

(a) 電子のみの場合

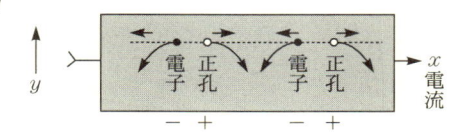

(b) 電子と正孔が同数存在する場合

図 5.1　ホール効果の符号

によって定義される.ここで d は試料の厚さ,w は幅である.また,電子密度 n と電子の電荷 e を用いれば,ホール係数は次式で与えられる.

$$R_\mathrm{H} = \frac{1}{ne} \tag{5.2}$$

ホール係数の符号はキャリアーの種類により,電子の場合は負,正孔の場合は正となる.

キャリアーが1種類の場合には,ローレンツ力とホール電場がちょうど打ち消し合うので磁気抵抗は生じない.2種類以上のキャリアーが伝導に寄与する場合には,状況はやや複雑になる.異なる種類のキャリアーの x 方向の速度に違いがあれば,ローレンツ力にも違いが出る.その場合,複数のローレンツ力の平均値がホール電場によって打ち消されるが,平均よりも速度の大きいキャリアーは $+y$ 方向,小さいキャリアーは $-y$ 方向に偏向する.このため,x 方向の抵抗が増大し,磁気抵抗が生じる.磁気抵抗は磁場の2次効果だから,弱磁場では $\Delta\rho(H)/\rho(0) \propto H^2$ である.

例えば偶数価金属や半金属のように,電子と正孔が同数あってともに伝導に寄与する系に磁場を印加すると,図5.1(b)のように電子と正孔はそれぞれ逆向きの速度をもつのでローレンツ力を受けて同じ側に曲げられる.つまり $-y$ 方向に電子とホールの流れが同じ向きに生じる結果,それらは互いに打ち消し合ってホール電場は生じない.そのため,ローレンツ力の効果が強く効き,広い磁場範囲で H^2 に比例する大きな

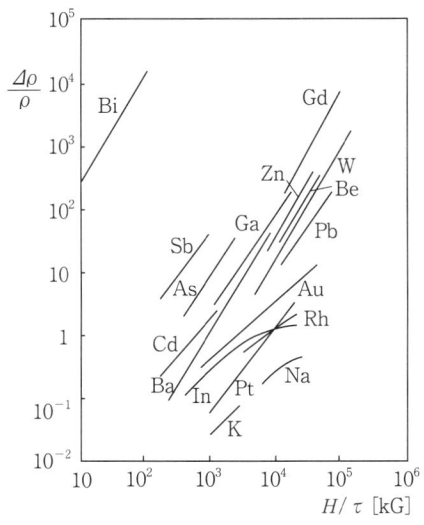

図5.2 各種金属の磁気抵抗[6)]
τ は還元された抵抗,すなわち Θ をデバイ温度として $\tau = \rho(\tau)/\rho(\Theta)$.

磁気抵抗が現れる．

それに対して，奇数価金属のときは電子とホールの数に差があるのでホール電場が生じてローレンツ力が一部打ち消されるため，磁気抵抗は一般に偶数価金属よりも小さい．

図 5.2 に種々の金属の磁気抵抗を両対数で与えてある．2 価金属（Zn, Cd など）と半金属（Bi, Sb）では，磁気抵抗の磁場依存性は 2 乗または 2 乗より少し傾きの小さい直線である．それに対して，奇数価金属（Na, Au, In など）では磁気抵抗の値そのものが偶数価金属より小さく，また弱磁場では $\propto H^2$ だが，より高磁場では飽和する傾向がある．

5.2 開いた軌道と磁気抵抗

電子の運動はフェルミ面のトポロジカルな性質によっていろいろである．いま簡単な例として 2 次元正方晶系の金属を仮定し，自由電子のフェルミ球をつくる（2 次元だから自由電子円というべきだろうが）．図 5.3(a) は 1 価金属の場合で，フェルミ面は第 1 ブリルアン・ゾーンの半分の面積をもつ円である．フェルミ円がブリルアン・ゾーンと等面積になる 2 価金属の場合は

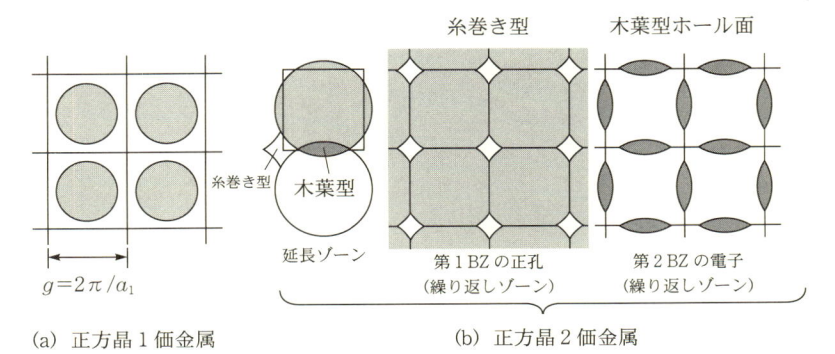

図 5.3 簡単な 2 次元モデルのフェルミ面[1]

図 5.3(b) の左端の図のように円がはみ出るから，第 1 ゾーンに正孔，第 2 ゾーンに電子のフェルミ面が生ずる．

これらは図 5.3(b) のように繰り返しゾーンでみると互いに離れているから，**閉じた軌道**という．

図 5.4 は，図 5.3(a) とブリルアン・ゾーンの面積が等しいが，縦横比が 2：1/2 の長方形の第 1 ブリルアン・ゾーンの場合である．この場合には，繰り返しゾーンで描いたフェルミ面は無限に長く連なった形になる．このようなものを**開いた軌道**という．3 次元の結晶でも，方向によってこのような開いた軌道が生じることがある．

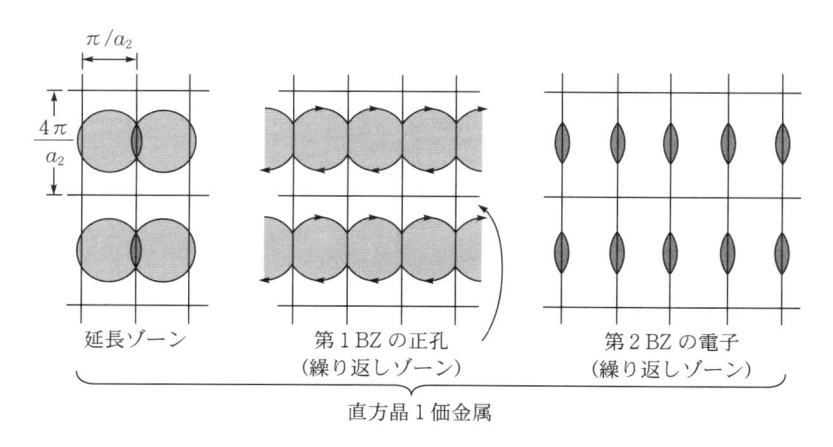

図 5.4　簡単なフェルミ面の 2 次元モデルでの開いた軌道の成り立ち[1)]

その典型的な例は貴金属（Au, Ag, Cu）である．図 3.2 ですでにみたように，貴金属のフェルミ面の特徴は 1 価金属であるにもかかわらず，〈111〉方向に突出しブリルアン境界に接触していることである．繰り返しゾーンで構築すると〈111〉方向のネックで球面がつながっている．例えば Cu のフェルミ面を〈110〉方向でゾーンの中心を通るように切ると，切り口は図 5.5 のようになり，犬の（しゃぶる）骨（dog's bone）のような正孔の軌道が現れる．Cu は 1 価金属でフェルミ面は電子であるにもかかわらず正孔の軌道

5.2 開いた軌道と磁気抵抗

が現れるのは，多重連結フェルミ面のせいである．

図 5.5 には，Cu の多重連結フェルミ面の特定の方向に現れる開いた軌道も示されている．このフェルミ面に垂直に磁場をかけると，電子はフェルミ面の縁を矢印のように動く．実空間の軌道はこれを 90 度回転した形状である．

図 5.6 には，〈100〉，〈010〉，〈001〉方向に丸棒の交差による

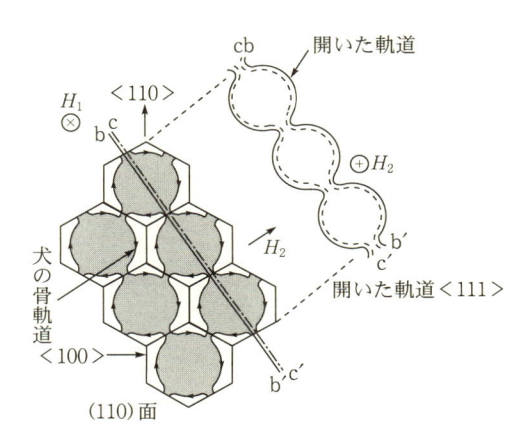

図 5.5 多重連結の電子フェルミ面（Cu）に現れる正孔の軌道（犬の骨軌道）（左）の例と実空間における開いた軌道（右）の例[1]

ジャングルジムのようなフェルミ面を描いてある．図 5.6(a) は (010) 面内で 〈100〉 方向からやや傾いた方向に磁場をかけたときの，磁場に垂直な面で切った切り口を示す．磁場が正確に 〈100〉 方向のときは開いた軌道は生じないが，この図のように 〈100〉 方向から少し傾けた場合には円形電

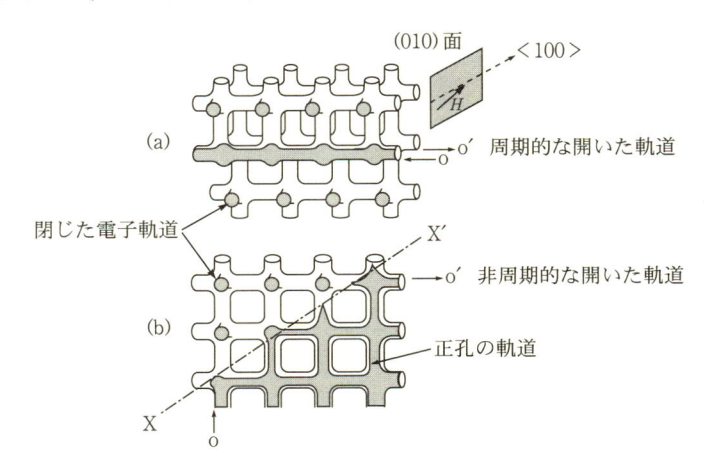

図 5.6 周期的な開いた軌道と非周期的な開いた軌道[1]

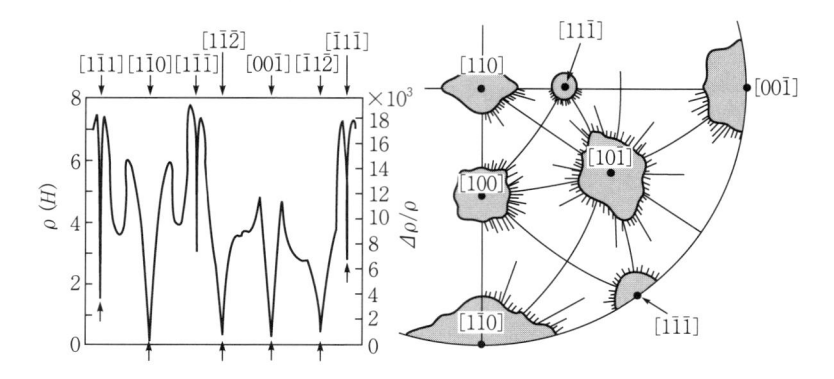

(a) Cu の磁気抵抗の磁場角度依存性. $T = 4.2\,\mathrm{K}$, $H = 18\,\mathrm{kOe}$, 残留抵抗比 RRR(Residual Resistance Ratio) = 8000.

(b) 開いた軌道の存在する磁場方向（灰色の部分と線の上）. 黒点の上では開いた軌道がない.

図 5.7　Cu の開いた軌道の有無[1)]

子軌道の他に，左右に伸びた周期的な開いた軌道が生ずる.

　図 5.6(b) は，磁場を〈100〉方向から任意の方向にやや傾けたときの磁場に垂直な面の切り口を示す．左上に閉じた円形電子軌道，右下にほぼ四角い正孔の軌道がある．これらの間に，XX′ 方向に伸びる複雑な形の非周期的な開いた軌道がある．このような軌道には電子的曲率と正孔的曲率が交替して現れる．したがって，このような磁場の方向については図 5.7(a) にみられるように，電子と正孔が同数ある場合に特徴的な磁気抵抗の不飽和が現れる．（飽和とは，十分高い磁場では，電気抵抗が磁場に対して一定になることをいう．また不飽和とは，磁場を増すと電気抵抗が増え続けることをいう．）

　このように高磁場における磁気抵抗の飽和・不飽和は，開いた軌道の有無に敏感である．したがって，磁場の方向を連続的に変えて磁気抵抗を測ることはフェルミ面のトポロジカルな性質をみるのに役立つ.

　図 5.7(a) は Cu の単結晶について，一定磁場をさまざまな方向にかけた

場合の横磁気抵抗の角度依存性の測定結果である．例えば矢印のところのように［1$\bar{1}$1］や［1$\bar{1}$0］など対称性の高い方位では，磁気抵抗が飽和しかかっているのに対して，そこからわずかに離れたところでは磁気抵抗が急激に大きくなっている．図5.7(b)はステレオグラム的に表示したものであるが，この図においての灰色の領域（ただし，中心の黒丸を除く）では開いた軌道が存在する．島から出ているひげ状の線の上でも，磁気抵抗が大きくて飽和しない．つまり，開いた軌道がある．それら以外の領域と島（黒点）の方位では開いた軌道は存在しない．このようなステレオグラムは貴金属のフェルミ面のトポロジーをよく反映している．島の大きさはAu, Ag, Cuのネックの太さやその付近の曲率によって決まる．

5.3 磁気貫通

　磁気貫通というのはmagnetic breakdownの意訳である．普通のバンド・ギャップは1～10 eVであるのに比べ，ランダウ準位の間隔は10^{-8} eV/Oe，つまり10 kOeで10^{-4} eVに過ぎない．有効質量が小さいとそれに逆比例して間隔は大きくなる．しかし，バンド・ギャップも1 eVよりずっと小さいことがある．その好例はブリルアン・ゾーンの境界のような対称点で縮退していたエネルギーが，スピン-軌道相互作用によって分離する場合である．スピン-軌道相互作用というのは相対論から生ずる効果である．電子が速度vでイオン芯の周りを回っている状態は，電子からみるとイオンが電子の周りを回って弱い磁場をつくっていると見なすことができる．これがスピン-軌道相互作用である．

　図5.8の点線がスピン-軌道相互作用によるバンド分裂の模式図である．これによるエネルギー$\mathit{\Delta}E$は，10^{-2}か10^{-3} eV程度となる．このような場合にはバンドは自由電子のバンドからほんのわずかだけ外れるだけで，エネル

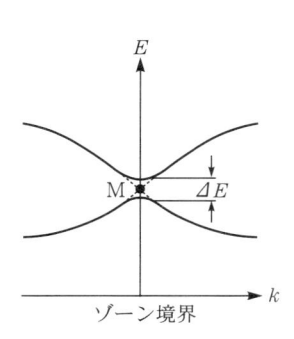

図5.8 スピン‐軌道分離．2つのバンドの交差点Mでの縮退はスピン‐軌道相互作用で解けて，ΔE だけ分離する．[1]

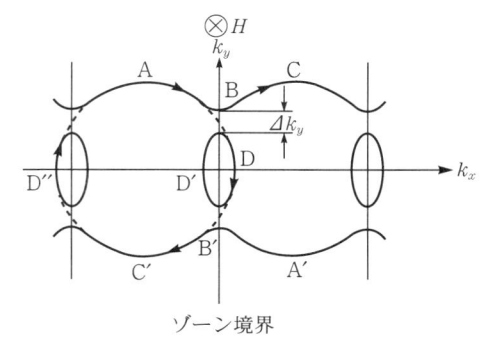

図5.9 磁気貫通（繰り返しゾーンの図）．強い磁場がかかると電子は破線の軌道に入りうる．[1]

ギー・ギャップが非常に小さいこともある．以下では，このように k 空間のエネルギー・ギャップがわずかに存在する状況を考える．

図5.9のように自由電子に近い球が k 空間で Δk だけ離れ，ABCおよびA′B′C′ という面と DD′ という長楕円の面とに分かれ，z 方向にかけた磁場の強さが十分大きいと，トンネル効果によってギャップ軌道（BとDの間，DとB′の間のギャップ）を跳び移る確率が大きくなり，ADB′C′D″ という

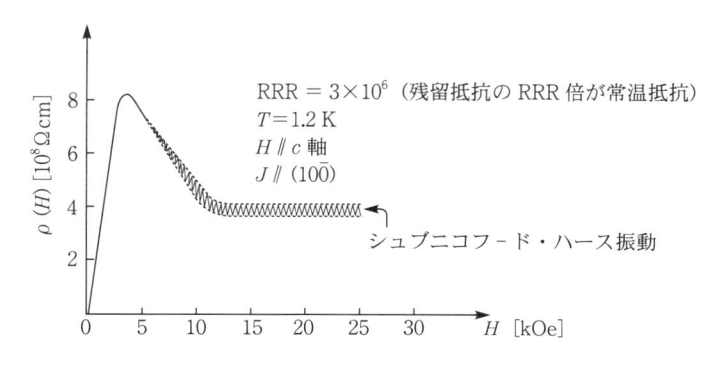

図5.10 Mgの磁気貫通による磁気抵抗の異常[1]

RRR = 3×10^6（残留抵抗のRRR倍が常温抵抗）
$T=1.2$ K
$H \parallel c$ 軸
$J \parallel (10\bar{0})$

シュブニコフ‐ド・ハース振動

閉軌道を描くことができるようになる（図5.9）．この現象を**磁気貫通**という．図5.10はMg（マグネシウム）について示したものである．すなわち，磁気貫通によって自由電子の円軌道が実現し，ブラッグ反射は無効になったのである．

このような現象は，ド・ハース–ファン・アルフェン効果で閉軌道DD′が観測されていたのに，磁場がある限界を超すと非常に短い周期の振動が現れるとか，磁気抵抗の磁場依存性がある磁場を境に急激に変化するという形で現れる．後者の実例を以下に示す．

図5.10はMgのシュブニコフ–ド・ハース振動の一つで，磁場の強さがそれほどでなければ，磁気抵抗は低磁場ではH^2だが，$H \sim 2\,\mathrm{kOe}$で極大となり，その後は減少する．これは磁気貫通によってホール軌道が電子軌道

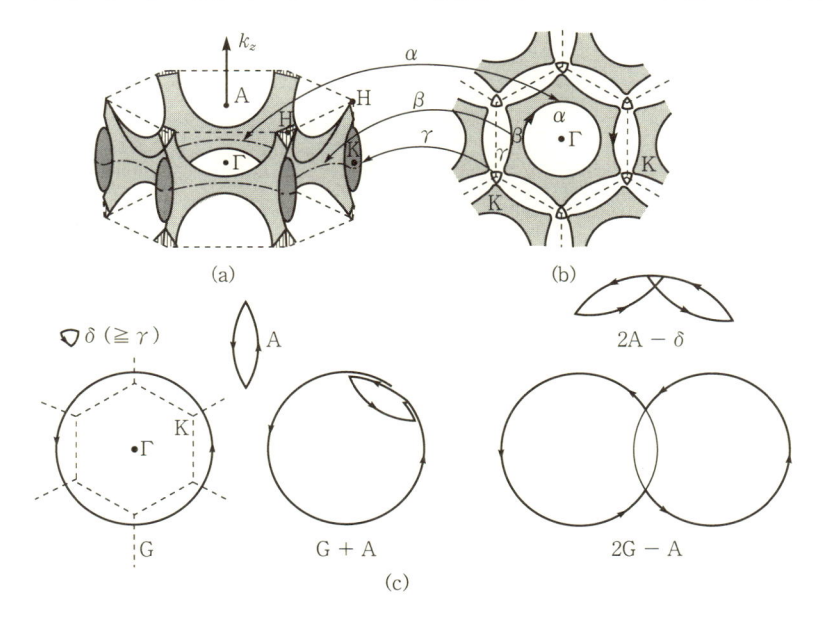

図5.11 Mgにおける磁気貫通[1]
(a) 関与するフェルミ面
(b) α, β, γはそれぞれの軌道を囲む面積を意味する
(c) 磁気貫通による軌道の例

に変わるため,電子とホールの2価金属における同数性が破れるためである.(電子数とホール数が等しい金属では磁気抵抗は H^2 に比例して増大するが,等しくない金属では磁気抵抗は強磁場で飽和する.)これに対応するフェルミ面の貫通は図 5.11 に示すとおりである.図 5.10 において磁気貫通が起こった後の強磁場でみられるシュブニコフ－ド・ハース振動の周期は,磁気貫通によって復活したもとの自由電子の軌道に対応する.

6
多体効果

6.1 プラズマ振動

　ここまでは，電子が金属中で互いに独立に運動するという仮定を容認していた．換言すれば，1電子波動関数としてのブロッホ関数に基づいていた．金属中のフェルミガスのエネルギーは数 eV であるのに対し，電子–電子相互作用は1Åの距離で1eV程度になり無視することはできない．ところが，1電子近似ではこの無視を強行している．この独立電子モデルが実験的に許されているのは，電子–電子相互作用が遮蔽型であるのに由来する．そのことを理解するために，電子–電子相互作用の現れであるプラズマ振動をまず考察しよう．

　状況として考えるのは，電子の密度ゆらぎが準巨視的な広がりで生じ，均一に分布した正イオン電荷との打消しが破れたところに電場 $\boldsymbol{E}$ が生じ，それによって電子がそのゆらぎをなくすように運動する様子である．均一な正イオン電荷とつり合う電子の平均電荷密度を ρ_0，実際の電荷密度を $\rho(\boldsymbol{r}, t)$ とし，光学的誘電率を ε_0 とすると，

$$\operatorname{div} \boldsymbol{E}(\boldsymbol{r}, t) = \frac{4\pi}{\varepsilon_0} \{\rho(\boldsymbol{r}, t) - \rho_0\} \qquad (6.1)$$

という式が成立する．電場 $\boldsymbol{E}(\boldsymbol{r}, t)$ は電子の電荷密度 $\rho(\boldsymbol{r}, t)$ をその平均値

ρ_0 に引き戻すようにはたらく．その運動方程式 $m^* d\boldsymbol{v}/dt = e\boldsymbol{E}$ と (6.1) に加えて，速度と電荷密度の間の電荷の保存則から，

$$\frac{\partial \rho(\boldsymbol{r}, t)}{\partial t} + \mathrm{div}\left\{\rho(\boldsymbol{r}, t)\, \boldsymbol{v}(\boldsymbol{r}, t)\right\} = 0 \tag{6.2}$$

が成り立つ．これらの式から $\rho_0 = ne$（n は平均の電子密度）として，

$$\frac{\partial^2 (\rho - \rho_0)}{\partial t^2} + \frac{4\pi ne^2}{m^* \varepsilon_0} (\rho - \rho_0) = 0 \tag{6.3}$$

が得られる．上式は調和振動子の方程式であり，その角振動数 ω_p は，

$$\omega_\mathrm{p} = \sqrt{\frac{4\pi ne^2}{m^* \varepsilon_0}} \tag{6.4}$$

である．これを**プラズマ振動数**という．ここでプラズマというのは正電荷粒子と負電荷粒子が同電荷量あり，互いにあるいは一方が運動し得る状態のものをいう．

いまの場合，正イオンの運動は電子によるプラズマ振動数 ω_p に比べてはるかに緩やかな運動なので，静止と見なしている．ω_p は，普通の金属の電子密度 n を当てはめると $10^{16}/\mathrm{s}$ なので，プラズマ振動を量子化したプラズモンのエネルギーは $\hbar\omega_\mathrm{p}$ が $10\,\mathrm{eV}$ 程度となって非常に大きい．したがって，高速の電子線や $\hbar\omega_\mathrm{p}$ 以上の光子を入れてやらない限り，このようなプラズマ振動は生じない．このことが，普通は金属内電子の電子‐電子相互作用が問題とされない理由である．つまり，$\rho - \rho_0$ がいつもゼロであるような遮蔽された場を電子は運動している．

運動方程式に入っている速度 $\boldsymbol{v}$ はドリフト速度である．典型的な金属のフェルミ面上の電子はフェルミ速度 $v_\mathrm{F} \approx 10^8\,\mathrm{cm/s}$ をもつ．そこでプラズマ振動の 1 周期の間に各電子は $v_\mathrm{F}/\omega_\mathrm{p} \approx 1\,\mathrm{Å}$ 程度移動する．つまり，この移動距離またはそれ以下では，電子‐電子相互作用に対してプラズマモードでは遮蔽が十分とはならない．1 電子近似が良いのは，電子間の距離が $v_\mathrm{F}/\omega_\mathrm{p}$ 程度以上の部分についてである．すなわち，クーロンポテンシャルの短距離性の残存分については多体効果がはたらく．

電子は $v_F/\omega_p \approx 1\text{Å}$ の距離よりも遠いところの正イオン引力ポテンシャルからは遮蔽されるから，自由に動ける．この遮蔽距離が有効ボーア半径より大きければ，その距離内にある正イオンは電子の運動に影響を及ぼし，自由な運動を妨げる．逆に，この遮蔽距離が有効ボーア半径より短くなると，電子に及ぼす有効ポテンシャルは非常に短いものとなり，正イオンからのポテンシャルをほとんど感ずることなく，電子は自由電子的に振舞うことができる．

遮蔽距離と伝導電子密度の関係をみると $v_F \propto n^{1/3}$, $\omega_p \propto n^{1/2}$ だから $v_F/\omega_p \propto n^{-1/6}$ となる．n が十分大きくなると，プラズマはイオンの引力ポテンシャルを遮蔽して局在束縛状態が消失する．n というのは全電子密度のうち伝導性をもつ電子の部分だから，n の変化は一種の協力現象の過程として捉えなければならない．すなわち，何かの物理パラメーターによって n がある閾値を超えると，残りの電子はますます容易に伝導性を増すことになり，絶縁物はその閾値で突然に金属状態に転移する．これは**モット転移**とよばれている．

6.2 電子 – 電子散乱

電子 – 電子相互作用による電子同士の衝突半径は，前節で述べた v_F/ω_p と同じ程度と考えてよい．ただしある衝突過程が起こるためには，その過程における2つの電子の始状態は占有されており，終状態は非占有でなければならない（**パウリの排他律**）．エネルギーと運動量の保存性を考慮すると，そのような衝突の生ずる領域は，2つの電子の両方がともにフェルミ準位から $\pm k_F T$ 程度の範囲になければならない．そのような領域にのみ，占有準位と非占有準位とが共存するからである．

衝突の緩和時間を τ，衝突の断面積を A とすると，衝突の全確率 W は有

効な電子数が $n \times (k_B T/E_F)$ だから，

$$W = n^2 A v_F \left(\frac{k_B T}{E_F}\right)^2 \tag{6.5}$$

であり，1電子当りの緩和時間に直すと，

$$\frac{1}{\tau} = \frac{W}{n} = n v_F A \left(\frac{k_B T}{E_F}\right)^2 \tag{6.6}$$

となる．このような多体効果によるエネルギー準位のボケの程度 ΔE は，不確定性原理から，

$$\Delta E = \frac{\hbar}{\tau} = n \hbar v_F A \left(\frac{k_B T}{E_F}\right)^2$$
$$\approx \frac{nA}{k_F} E_F \left(\frac{k_B T}{E_F}\right)^2 \approx \frac{(k_B T)^2}{E_F} \tag{6.7}$$

である．ただし，$A \approx 1\,\text{Å}^2$ とおいて $nA/k_F \approx 1$ とした．

この式からみると準位のボケはフェルミ関数のボケ，つまり $k_B T$ よりさらに $k_B T/E_F$ という因子だけ小さく，例えば300 K での準位のボケはその約100分の1，つまり約3 K に過ぎない．また τ は $\tau = \hbar/\Delta E \approx 2 \times 10^{-12}$ s となって，電気抵抗を決める電子とフォノンとの衝突の散乱緩和時間 (10^{-13} s) より1桁長い．この違いは低温になるにつれてますます大きくなる．したがって，電子の散乱過程としては弱いことがわかる．さらに電子−電子間の衝突は普通の金属では電気抵抗にあまり効かないといえる．

6.3 フェルミ液体

実験と比べるとき1電子近似のバンド理論は大体成功を収めているが，電子間距離が非常に短い範囲ではクーロン力が作用するから，多体的取扱いが1電子近似の先の問題として存在し，無視できない．電子間クーロンエネルギー $e^2/\varepsilon_0 r_0$（r_0 は平均電子間距離，ε_0 は誘電率）とフェルミエネルギーとの

6.3 フェルミ液体

比は,電子間距離と有効ボーア半径 a_0^* の比 $r_s \equiv r_0/a_B$ ($a_B = \hbar^2\varepsilon_0/me^2$) にほぼ等しい.ところが,$r_s$ の値は普通金属では $2 \leq r_s \leq 6$ であって1よりずっと大きい.したがって,1電子状態から出発して摂動論で進めることが難しい.

この場合,ランダウが中性 ^{3}He 原子間の距離相互作用を扱うのにつくり出したフェルミ液体論を金属電子系に応用した,シリン (Silin) の理論が有用である.シリンは電荷をもったフェルミ粒子系の遮蔽クーロン相互作用に対してランダウ理論を適用したが,この LS (Landau-Silin) 理論は,電子-フォノン相互作用に対しても応用できることがハイネ (Heine) 等によって示された.この LS 理論は現象論であり,多体効果を示すパラメーターは実験によって決めなければならない.そのパラメーターの値を微視的理論から決めることは別個に難しい問題である.

2個の電子間の基本的な力は,フォノンをやりとりすることによる電子間の引力とそれに大体バランスするクーロン反発力である.完全に自由な電子系にこの2つの力を徐々に入れていったとすると,電子系は気体から徐々に液体になっていく.したがって,金属電子系は荷電粒子液体系といってもよい.

LS 理論では準粒子の概念を用いる.結晶の中の原子の運動を個々別々に記述しようとすると,それらが互いに強く結合しているので非常に難しいが,代わりに結晶振動の基準モードで記述すればやりやすくなる.これは相互作用しない調和振動子の範囲では,個々のフォノンという見かけ上の独立粒子のごとく扱える.電子系についても同じように考えて,独立な個々の電子と似た準粒子のスペクトルの存在を仮定する.その準粒子はお互いのつくる自己無撞着な場の影響を受けた,いわば"衣を着た"電子である.この準粒子の数は元の電子数に等しく,フェルミ統計にも従う.

準粒子のスペクトルが1電子スペクトルと違うのは,ある波数 k をもった準粒子のエネルギー $E(k)$ が他のすべての準粒子との相互作用によって

決められることで，次のように一般的に書ける．

$$E(\bm{k}) = E_0(\bm{k}) + \sum_k f(\bm{k}, \bm{k}') n(\bm{k}') \tag{6.8}$$

ここで $E_0(\bm{k})$ は，波数 $\bm{k}$ の準粒子のみが存在するときのエネルギーで，$f(\bm{k}, \bm{k}')$ は波数 $\bm{k}$ と $\bm{k}'$ の2つの準粒子の間の相互作用を表す関数である．したがって，第2項は $\bm{k}$ の準粒子と他のすべての準粒子 $\bm{k}'$（$\bm{k}'$ については $n(\bm{k}')$ 個存在する）との相互作用エネルギーである．

準粒子はフェルミ統計に従うから，分布関数 $n(\bm{k}')$ はフェルミ分布関数

$$n(\bm{k}') = \frac{1}{1 + e^{(E(\bm{k}') - E_F)/k_B T}} \tag{6.9}$$

を通して $E(\bm{k}')$ のエネルギーを含むはずである．$E(\bm{k}')$ を決める作業は，自己無撞着に行なわなければならないので結構複雑な作業である．さらに関数 $f(\bm{k}, \bm{k}')$ は多くの金属について，よくわかっていないという面倒さがつけ加わる．

1電子近似で全系の基底エネルギーは

$$\begin{aligned} U &= \sum_k E(\bm{k}) \, n(\bm{k}) \\ &= \sum_k E_0(\bm{k}) \, n(\bm{k}) + \frac{1}{2} \sum_k n(\bm{k}) \left\{ \sum_{k'} f(\bm{k}, \bm{k}') \, n(\bm{k}') \right\} \end{aligned} \tag{6.10}$$

であり，分布関数に $\delta n(\bm{k})$ の変化が生じたとすると，全系のエネルギーの変化分は $\delta U = \sum_k E_0(\bm{k}) \, \delta n(\bm{k})$ と表せる．なお，第2項の1/2という因子は相互作用を2重に数えないためである．同様のことは，準粒子系の基底エネルギーの式（6.10）からのずれとして，

$$\delta U = \sum_k E_0(\bm{k}) \, \delta n(\bm{k}) + \frac{1}{2} \sum_k \sum_{k'} f(\bm{k}, \bm{k}') \, \delta n(\bm{k}) \, \delta n(\bm{k}')$$

$$\tag{6.11}$$

と表される．ここで上式の第1項は，準粒子が存在したとしてそれらの単純なエネルギーの和であり，第2項は準粒子同士の相互作用エネルギーの和である．

準粒子の速度は，1電子近似の場合と同様に（6.8）の $E(\bm{k})$ を用いて，

6.3 フェルミ液体

$$v_\alpha = \frac{1}{\hbar}\frac{\partial E(\boldsymbol{k})}{\partial k_\alpha} \tag{6.12}$$

で表される．ここで α は速度 v の x, y, z 成分のいずれかを意味する．

個別の電子の場合と同様，固有状態を区別するのに波数ベクトル $\boldsymbol{k}$ とスピン σ を用いることにする．相互作用としてどんなものをとるかであるが，$\boldsymbol{k}$ および $\boldsymbol{k}'$ はフェルミ面にごく近いところになければならず，$|\boldsymbol{k}| = |\boldsymbol{k}'| = k_F$ でなければならない．よって，$f(\boldsymbol{k}, \boldsymbol{k}')$ は $\cos\theta_{k,k'}$ ($\theta_{k,k'}$ は $\boldsymbol{k}$ と $\boldsymbol{k}'$ がなす角）の関数としてルジャンドルの多項式 $P_l(\cos\theta_{k,k'})$ で展開される．

$$f(\boldsymbol{k},\sigma:\boldsymbol{k}',\sigma') = \sum_{l=0}^{\infty}\left[\{f_l^s + f_l^a(\sigma,\sigma')\}P_l(\cos\theta_{k,k'})\right] \tag{6.13}$$

スピンに依存しない展開係数 f_l^s およびスピン依存の展開係数 f_l^a の代わりに，次の定義による A_l, B_l を用いれば，それらは無名数となって使い勝手がよい．これを**ランダウ・パラメーター**という．

$$A_l = \frac{m^* k_F}{\pi^2(2l+1)}f_l^s, \qquad B_l = \frac{m^* k_F}{\pi^2(2l+1)}f_l^a \tag{6.14}$$

上述の範囲で LS 理論は現象論であるから，A_l, B_l は実験との比較によって決めるしかない．ところで，1 電子近似から LS 理論によるずれを物理量で求めることはなかなか難しい．それは実験精度の問題でもある．LS 理論でのみ有限となるような，ずれのはっきりわかる物理量があれば望ましい．この例として，磁気プラズマ波の場合をとり上げてみよう．

磁場があると，プラズマ振動数より低い振動数の電磁波が金属中を伝わる．それらを**磁気プラズマ波**というが，その電磁波の波数ベクトル $\boldsymbol{q}$ が磁場ベクトル $\boldsymbol{H}$ と平行の場合がファラデイ，垂直の場合がフォオクト配置である．後者の場合は**サイクロトロン波**（CW）という波が伝わり，短波長 ($q \to \infty$) の極限に対しても長波長 ($q \to 0$) の場合でも，1 電子近似のサイクロトロン振動数を ω_c ($=eH/m^*$) として，CW の振動数 $\omega = n\omega_c$ ($n = 1, 2, \cdots$) となる波が伝わる．q の一般の値では q と ω の分散関係は図 6.1 のように波打つ．

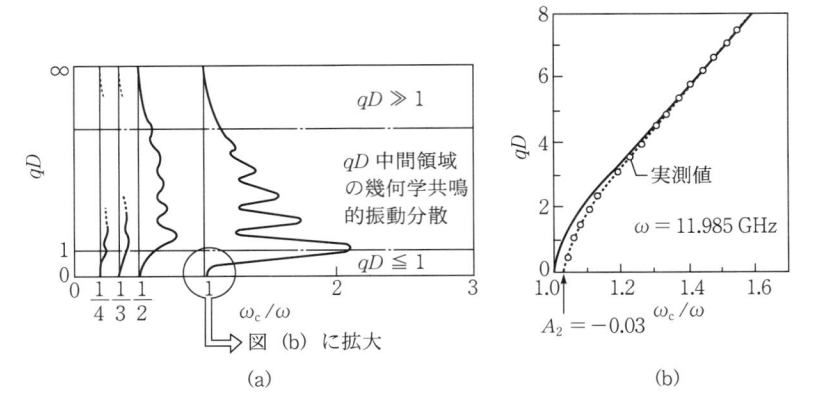

図 6.1　(a)　サイクロトロン波の分散曲線（模式図）
　　　　　(b)　K に対する $qD \leq 1$ での分散
　　　　　実線は 1 電子近似の計算曲線, -o- は実測値. q は電磁波の波数, D はランダウ軌道の直径.[1]

LS 理論によれば, $q = 0$ の極限で示したように $\omega = n\omega_c(1 + A_1)$ となって, そのずれから $A_2, A_3, \cdots$ が原理的に求まる. 最も等方的な（真ん丸い）フェルミ面をもつ K と Na についてプラッツマン, ウォルシュ, フーは K で $A_2 = -0.03, A_3 = 0$ を求めた. A_0 と A_1 の決定についても, 磁気プラズマ波やそれと超音波との結合モードから求めようとする実験がある.

表 6.1 に, Na についてのランダウ・パラメーターの実験といくつかの微

表 6.1

	実験	理論				
A_0	—	-0.62	-0.64	-0.66	-0.45	-0.17
A_1	—	$+0.12$	$+0.11$	$+0.10$	$+0.04$	$+0.03$
A_2	-0.05 ± 0.01	-0.03	-0.04	-0.03	-0.01	$+0.006$
A_3	0 ± 0.005	$+0.004$	$+0.005$	—	—	—
B_0	-0.18 ± 0.03	-0.14	-0.17	-0.22	-0.17	-0.17
B_1	0.05 ± 0.04	$+0.01$	-0.005	-0.02	-0.02	$+0.03$
B_2	0 ± 0.05	-0.01	-0.02	0.00	$+0.01$	$+0.006$
B_3		0.000	$+0.001$	—	—	—
m^*/m	1.24 ± 0.02	1.26	1.21	1.15	1.19	1.17

視理論の値を示す．これらの値より，電子‐電子間相互作用を入れた多体効果は小さいもので，有効質量を若干（2％程度）上乗せする程度であることがわかる．すなわち，有効質量のみを少し増やして，後は1電子計算をすればよいことがわかる．

7 電気伝導

7.1 電気伝導度

金属の抵抗率を表すドゥルーデの式は

$$\rho = \frac{m}{ne^2\tau} \quad (7.1)$$

である．ここで m は電子の有効質量，n は電子密度，τ は散乱による緩和時間である．表7.1に代表的な金属の室温における電気伝導度と抵抗率の一覧を示す．

伝導電子は，結晶の周期性を乱す所で散乱を受けて電気抵抗を生ずる．その乱れはフォノンとか不純物である．電気抵抗の測定には電場をかけるが，電場で得たエネルギーを

表7.1

	電気伝導度 σ	抵抗率 ρ
Li	11 Ωm	8.5 $\mu\Omega$cm
Na	23	4.3
Cu	6	1.6
Ag	66	1.5
Au	49	2.0
Mg	25	—
Ca	28	3.9
Zn	18	5.5
Al	40	2.5
Pb	5.2	19
Bi	0.93	107
Ti	2	42
V	0.5	18
Fe	12	8.7
Zr	2	41
W	20	4.9

散乱によって失い，定常状態に達する．これを扱うのが**ボルツマン方程式**である．ボルツマン方程式は，分布関数 $f(\boldsymbol{r}, \boldsymbol{k}, t)$ に対する次のような方程式

である．

$$\frac{\partial f(\boldsymbol{r}, \boldsymbol{k}, t)}{\partial t} + \frac{\boldsymbol{F}}{\hbar}\frac{\partial f(\boldsymbol{r}, \boldsymbol{k}, t)}{\partial \boldsymbol{k}} + \frac{1}{\hbar}\frac{dE(\boldsymbol{k})}{d\boldsymbol{k}}\frac{\partial f(\boldsymbol{r}, \boldsymbol{k}, t)}{\partial \boldsymbol{r}}$$
$$= -\frac{f(\boldsymbol{r}, \boldsymbol{k}, t) - f_0(\boldsymbol{r}, \boldsymbol{k}, t)}{\tau} \quad (7.2)$$

ここで $f_0(\boldsymbol{r}, \boldsymbol{k}, t)$ は平衡状態のフェルミ–デイラック分布関数であり，τ は散乱による緩和時間である．

電気伝導を扱うには力として電場のみを考える（$\boldsymbol{F} = e\boldsymbol{E}$）．系が定常状態で空間的に一様であるとすると，時間微分（左辺第 1 項）と位置微分（第 3 項）はゼロとなり，

$$\frac{e\boldsymbol{E}}{\hbar}\frac{df(\boldsymbol{k})}{d\boldsymbol{k}} = -\frac{f(\boldsymbol{k}) - f_0(\boldsymbol{k})}{\tau} \quad (7.3)$$

となる．分布関数を平衡状態の分布関数とそこからのずれに分けて $f(\boldsymbol{k}) = f_0(\boldsymbol{k}) + \delta f(\boldsymbol{k})$ と書くことにすると，この式は，

$$\frac{e\boldsymbol{E}}{\hbar}\frac{d\delta f(\boldsymbol{k})}{d\boldsymbol{k}} = -\frac{\delta f(\boldsymbol{k})}{\tau} \quad (7.4)$$

と簡単化される．これを解いて

$$\delta f(\boldsymbol{k}) = -\frac{e\boldsymbol{E}\tau}{\hbar} \cdot \frac{d\varepsilon(\boldsymbol{k})}{d\boldsymbol{k}}\frac{\partial f(\varepsilon)}{\partial \varepsilon} \quad (7.5)$$

となる．

電流は単位体積当りで $\frac{2e}{(2\pi)^3}\int \boldsymbol{v}_k\, \delta f(\boldsymbol{k})\, d\boldsymbol{k}$ だから，電流密度は，

$$\begin{aligned}\boldsymbol{J} &= \frac{2}{(2\pi)^3}\int e\boldsymbol{v}_k\, \delta f(\boldsymbol{k})\, d\boldsymbol{k} \\ &= -e\frac{2}{(2\pi)^3\hbar}\int \tau \boldsymbol{v}_k(\boldsymbol{v}_k\cdot e\boldsymbol{E})\left(\frac{\partial f_0}{\partial \varepsilon}\right)d\boldsymbol{k} \\ &= \frac{e^2}{4\pi^3\hbar}\iint \tau \frac{\boldsymbol{v}_k(\boldsymbol{v}_k\cdot \boldsymbol{E})}{|\nabla_{k_\perp}\varepsilon(\boldsymbol{k})|}\left(-\frac{\partial f_0}{\partial \varepsilon}\right)dS\, d\varepsilon \end{aligned} \quad (7.6)$$

となる．ここで，

$$\int d\boldsymbol{k} = \int dS \int dk_\perp = \int dS \int \frac{1}{|\nabla_{k_\perp}\varepsilon(\boldsymbol{k})|}d\varepsilon \quad (7.7)$$

を使ったが，$\int dS$ は等エネルギー面上での積分であり，$\int dk_\perp$ はこの面の垂直方向の積分である．また，この式に含まれる $\nabla_{k\perp}\varepsilon(\boldsymbol{k})$ の値は dS と同じ面上で計算する．こうして上式は，

$$\boldsymbol{J} = \frac{e^2}{4\pi^3\hbar} \iint \tau(E) \frac{\boldsymbol{v}_k(\boldsymbol{v}_k\cdot\boldsymbol{E})}{|\nabla_{k\perp}\varepsilon(\boldsymbol{k})|} \left(-\frac{\partial f_0}{\partial \varepsilon}\right) dS\, d\varepsilon \tag{7.8}$$

となる．

この式には $\boldsymbol{v}_k$ が2つあるが，初めのものは電流密度 $\boldsymbol{J}$ と平行なベクトル，後の方は電場 $\boldsymbol{E}$ とのスカラー積になっている．分母の $\nabla_{k\perp}\varepsilon(\boldsymbol{k})$ はフェルミ面に垂直方向の速度分布である．$\boldsymbol{J} = \sigma\boldsymbol{E}$ だから，伝導度テンソルは

$$\sigma_{\alpha\beta} = \frac{e^2}{4\pi^3\hbar} \int_{\varepsilon_{\mathrm{F}}} \tau(E) \frac{v_{k,\alpha} v_{k,\beta}}{|\nabla_{k\perp}\varepsilon(\boldsymbol{k})|} dS \tag{7.9}$$

と表される．立方晶の結晶のように等方的金属では電気伝導度テンソルはスカラーとなり，またフェルミ面上では $\nabla_{k\perp}\varepsilon(\boldsymbol{k}) = v_{\mathrm{F}}$ であるから，

$$\sigma = \frac{e^2 v_{\mathrm{F}}^2 \tau}{12\pi^3\hbar} \int_{\varepsilon_{\mathrm{F}}} \frac{1}{|\nabla_{k\perp}\varepsilon(\boldsymbol{k})|} dS = \frac{e^2 v_{\mathrm{F}} \tau}{12\pi^3\hbar} \int_{\varepsilon_{\mathrm{F}}} dS$$

$$= \frac{e^2 v_{\mathrm{F}} \tau}{12\pi^3\hbar} S_{\mathrm{F}} = \frac{e^2 \Lambda_{\mathrm{F}}}{12\pi^3\hbar} S_{\mathrm{F}} \tag{7.10}$$

となる．ここで $\Lambda_{\mathrm{F}} = v_{\mathrm{F}}\tau$ はフェルミ面上の電子の平均自由行程であり，S_{F} はフェルミ球の表面積である．電子の状態密度が

$$N(\varepsilon_{\mathrm{F}}) = \frac{1}{4\pi^3} \int_{\varepsilon_{\mathrm{F}}} \frac{1}{|\nabla_{k\perp}\varepsilon(\boldsymbol{k})|} dS_{\mathrm{F}} \tag{7.11}$$

であることを用いると，

$$\sigma = \frac{e^2}{3} \Lambda_{\mathrm{F}} v_{\mathrm{F}} N(\varepsilon_{\mathrm{F}}) \tag{7.12}$$

と表される．$\Lambda_{\mathrm{F}}, v_{\mathrm{F}}, N(\varepsilon_{\mathrm{F}})$ はすべてフェルミ面上の値であることは重要である．

電場がかかった場合の分布関数は，(7.4) を

$$f(\boldsymbol{k}) = f_0(\boldsymbol{k}) + e\tau \boldsymbol{v}_k \cdot \boldsymbol{E}\left(-\frac{\partial f(\varepsilon)}{\partial \varepsilon}\right) = f_0(\varepsilon(\boldsymbol{k}) + e\tau \boldsymbol{v}_k \cdot \boldsymbol{E}) \tag{7.13}$$

7.1 電気伝導度

というように書き直すと，図 7.1(a) に示したようにフェルミ分布を $-e\tau \boldsymbol{v}_k \cdot \boldsymbol{E}$ だけずらした形で近似できる．フェルミ面より深いエネルギー状態の電子（円内の白色部分）は伝導に寄与しないことがわかる．

有限の電気抵抗を与える周期性の乱れとして代表的なものに，格子振動と不純物がある．格子振動による電子散乱確率は温度に強く依存する．温度変化する電気抵抗を普通 ρ_L と書き，ρ_L は $T \to 0$ で消失する．低温極限での電気抵

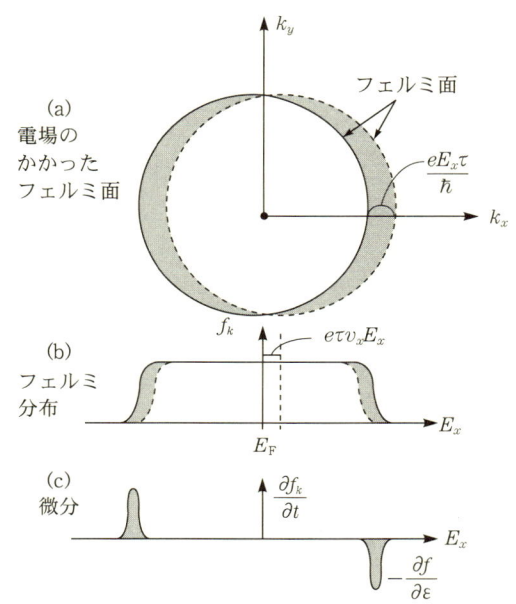

図 7.1 緩和時間 τ によって電気伝導を与えるフェルミ面のイメージ

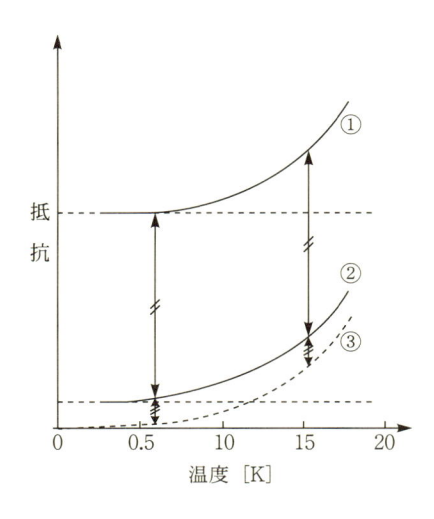

図 7.2 マチーセンの法則
 K の 2 試料の電気抵抗．①の試料は②より不純．③は仮想的に純粋な試料．①②③は縦軸に沿って移動すれば一致する．

抗を支配するのは，不純物や格子欠陥など結晶の静的乱れによる電子散乱である．静的乱れによる電気抵抗は通常は温度変化なしの一定値であって，ρ_i（i は impurity の意）と書く．ρ_i は試料ごとに大小異なる．

ρ_L と ρ_i には次のような加算則が成り立つ．

$$\rho = \rho_L + \rho_i \tag{7.14}$$

このことを**マチーセン（Mathiessen）の法則**という．図 7.2 にその 1 例を示す．

格子振動に基づく周期性の乱れについて考える．波数ベクトル k をもつ電子が，周期性の乱れに起因するポテンシャル U で k' へ散乱されたとする．この場合の電気伝導度に対するボルツマン方程式は，

$$f(\mathbf{k}) - f(\mathbf{k}') = \left(-\frac{\partial f_0}{\partial \varepsilon}\right)\tau e \mathbf{E} \cdot (\mathbf{v}_k - \mathbf{v}_{k'}) \tag{7.15}$$

したがって，

$$\frac{1}{\tau} = \int \left(1 - \frac{\mathbf{v}_k \cdot \mathbf{E}}{\mathbf{v}_{k'} \cdot \mathbf{E}}\right) dk' \tag{7.16}$$

となる．

ここに $\mathbf{E}$ は電場方向の単位ベクトルである．また遷移確率 $1/\tau$ は，k と k' のなす散乱角 $\theta_{k,k'}$ のみで決まる．さらに，球面三角法より $1 - (\mathbf{v}_k \cdot \mathbf{E}/\mathbf{v}_{k'} \cdot \mathbf{E}) = 1 - \cos\theta_{k,k'}$ となり，

$$\frac{1}{\tau} = \int Q_\theta (1 - \cos\theta_{k,k'})\, d\Omega \tag{7.17}$$

である．ただし，$d\Omega$ は散乱角 θ がつくる立体角である．ここに Q_θ は電子が入射方向に対して θ 方向に散乱される確率であり，$1 - \cos\theta$ は電気抵抗に寄与する重みである．この因子は $\theta = 0$ なら抵抗に寄与しないし，$\theta = \pi$ ならば抵抗に最大の重みを与える．この式が有効であるためには，平均自由行程 Λ が波長 λ に比べて十分長い必要がある．

$\mathbf{K} = \mathbf{k}' - \mathbf{k}$ を散乱ベクトル，$a_K = NS_K{}^* S_K$ を**干渉関数**とよぶ．この $S_{K'}$ はイオンの配列についての情報のみを含み，これのみを構造因子という

7.1 電気伝導度

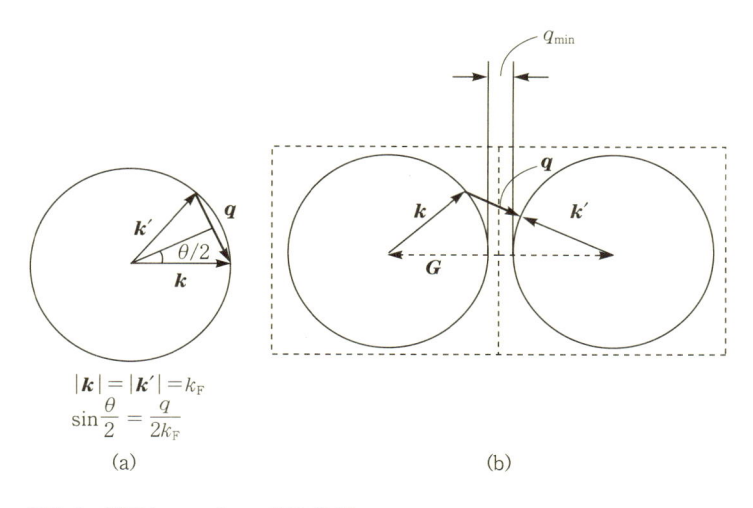

図7.3 電子とフォノンの衝突過程
(a)はノーマル・プロセス.(b)はウムクラップ・プロセス.(b)は,反復ゾーンで描いている.短い波数ベクトル q が,逆格子ベクトル G の助けを借りて,大きい散乱角をもつ散乱を可能にする様子を示す.ウムクラップ・プロセスを起こすのに,$q_{\min}$ 以上の波数ベクトルが必要である.

こともある.ただし,格子の変位 U_l が有限であることが重要である.

ここでノーマル・プロセスと,ウムクラップ・プロセスの存在について述べよう.図7.3において図(a)は波数ベクトル k が波数ベクトル q のフォノンに散乱され,k' へ移る場合である.図(b)はブリルアン・ゾーンが介在し,波数ベクトル q が小さくとも,逆格子ベクトル G の助けを借りて散乱角の大きな散乱が可能となることを示している.以下では,簡単のためノーマル・プロセスのみを考える.

散乱ベクトル K はフォノンの波数ベクトル q に等しい.フォノンのエネルギーは

$$\varepsilon = \frac{1}{2}\sum_l M |\dot{u}_l|^2 \tag{7.18}$$

となり,さらに $u_l = \sum_q U_q \exp(iql + i\omega_q t)$ を用いると,

$$\varepsilon = \sum_q NM\omega_q{}^2 |U_q|^2 = \sum_q \varepsilon_q \tag{7.19}$$

となる．ここで ε_q は，波数 q で振動数 ω_q の格子振動が担うエネルギーであるが，量子化された固有値は $\varepsilon_q = (N_q + 1/2)\hbar\omega_q$ である．

いま縦波の格子振動を考えているとすると，$U_q /\!/ K$ であり，次式が成り立つ．

$$N|K \cdot U_q|^2 = K^2 \frac{\varepsilon_q}{M\omega_q{}^2} = \frac{k_B T}{s^2 M} \frac{\dfrac{\hbar\omega_q}{k_B T}}{e^{\hbar\omega_q/k_B T} - 1} \tag{7.20}$$

ここでデバイ近似を用い，音速に対して $s = \omega_q/q = k_B \Theta_D/\hbar q_D$ の関係を用いた．$T > \Theta_D$ の高温では

$$\varepsilon_q = \left(N_q + \frac{1}{2}\right)\hbar\omega_q = k_B T \tag{7.21}$$

となるので $\rho \propto T/M\Theta_D{}^2$ が導出される．

N_q に対してプランクの分布関数を用い，$|U_a|^2$ を散乱角に強く依存しないと仮定し，積分の外へ出すと次式が得られる．

$$\rho(T) = |U_a|^2 \left(\frac{T}{\Theta_D}\right)^4 \left(\frac{\hbar q_D}{k_B \Theta_D}\right)^2 \frac{k_B T}{M} \int_0^{\Theta_D/T} \frac{4z^4}{e^z - 1} dz \tag{7.22}$$

ここで Θ_D はデバイ温度である．この式を**ブロッホ-グリュナイゼン**(Bloch - Grüneisen) **の式**という．十分高温では，積分は $(\Theta_D/T)^4$ の項を与え，$\rho(T)$ は T に比例する．一方，極低温では積分は定数になるので $\rho(T) \propto T^5$ となる．

縦軸に $\rho(T)/\rho(0) - 1$ をとり，横軸に T/Θ_D をとってプロットすると，図 7.4 のようにいろいろな金属の値が一本の線上に乗る．デバイ

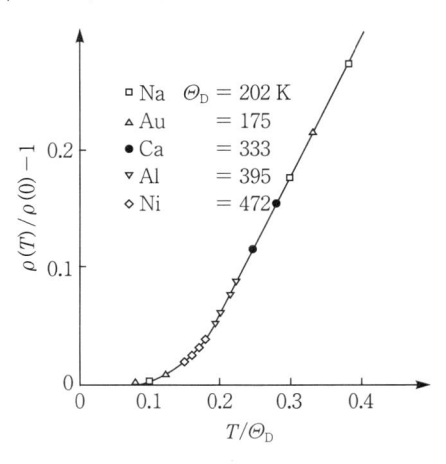

図 7.4 いろいろな金属のブロッホ - グリュナイゼンの式のプロット[7]

温度の低い物質は，格子振動のバネが弱いので抵抗が大きい．例えば鉛は $\varTheta_\mathrm{D} = 100$ K, $\rho(300\ \mathrm{K}) = 20\ \mu\Omega\mathrm{cm}$ である．一方，バネが強くデバイ温度の高い金属は抵抗が低い．例えば，銅は $\varTheta_\mathrm{D} = 333$ K, $\rho(100\ \mathrm{K}) = 2.5\ \mu\Omega\mathrm{cm}$ である．

7.2 近藤効果

普通の金属（Cu など）に磁性イオン（Fe, Cr, Mn など）の入った（Cu–Mn とか Cu–Fe のような）希薄金属では，伝導電子と磁性イオン（局在スピン）との交換相互作用が重要な結果をもたらす．伝導電子は局在スピンの近くで部分的にスピン偏極する．伝導電子のスピン偏極を第2の局在スピンが感じることによって，2つの局在スピン間に間接的な交換相互作用が生じる．これはルダーマン–キッテル–糟谷–芳田の頭文字をとって **RKKY 相互作用**とよばれるものである．

局在スピンと伝導電子との間の相互作用が反強磁性的である場合には，**近藤効果**（Kondo effect）として知られている現象が起こる．不純物として，Cr, Mn, Fe を含んだ Cu, Ag, Mg, Zn などの磁性希薄合金の低温での抵抗に異常が認められている．それは，ある温度における抵抗の極小現象である．

図 7.5 に Cu–Fe と Cu–Mn の抵抗極小を示す．抵抗極小の後（低温側）は，対数的に抵抗が降温とともに上昇する（最後は一定になる）ように測定される．

この抵抗極小の出現は局化磁性モーメントの存在に関係している．近藤による低温での磁性イオンの著しく高い散乱確率は，散乱の動力学的性質とフェルミ面の低温での鋭さに原因がある．近藤効果が重要であるような温度範囲は図 7.5 に示されている．この最も重要な結果として，スピンに依存する分の抵抗への寄与が，

$$\rho_{\text{spin}} = c\rho_M \left(1 + \frac{3zJ}{\varepsilon_F} \ln T\right)$$
$$= c\rho_M - c\rho_l \ln T$$
(7.23)

で与えられる．ここで，J は交換エネルギー，z は最隣接原子数，c は磁性不純物の濃度，ρ_M は交換相互作用の強さを示す量であり，$\rho_l = \rho_M(3zJ/\varepsilon_F)$ である．J が負ならば上式における（ ）内の第2項 $(3zJ/\varepsilon_F)\ln T$ が負，つまり抵抗は温度が下がるにつれて対数的に増大する．

低温での抵抗は (7.23) にフォノン散乱による抵抗 $\rho_{\text{ph}} = aT^5$ を加えたものになる．したがって，抵抗が極小となる温度は，

$$\frac{d\rho}{dT} = 5aT^4 - \frac{c\rho_l}{T} = 0$$
(7.24)

のところ，すなわち $T_{\min} = (c\rho_l/5a)^{1/5}$ となる．極小温度が磁性不純物濃度の 1/5 のべき乗で変化することは，Cu‐Fe 等の実験で確められている．

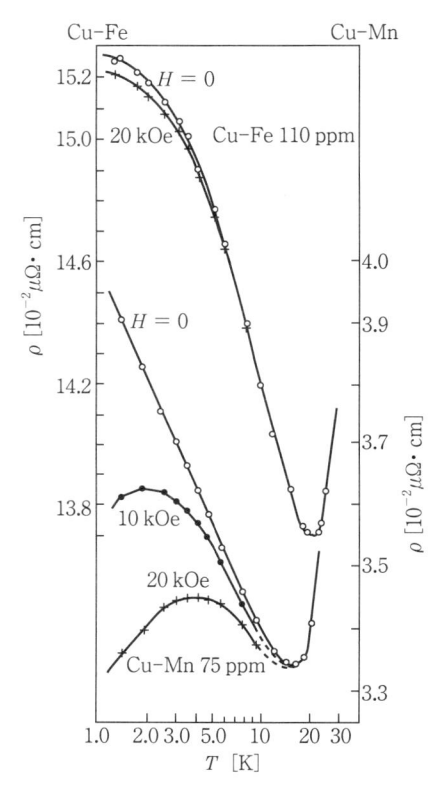

図7.5 Cu‐Mn（銅とマンガンの合金），Cu‐Fe（銅と鉄の合金）の電気抵抗の温度依存（磁気抵抗は負であることに注意）[8]

8
電子系の相転移

8.1 ボース‐アインシュタイン凝縮

電子はスピン 1/2 をもつからフェルミ粒子であるが,一方で例えば ^{4}He 原子は中性子 2 個,陽子 2 個,電子 2 個の素粒子から成り,全スピンは整数となるのでボース統計に従う粒子である. ^{4}He 同士の相互作用を無視すると,ボース統計に従ってエネルギー準位 $E_0, E_1, E_2, \cdots$ を占める粒子数 n_i は,

$$n_i = \frac{1}{e^{(E_i-\mu)/k_{\rm B}T}-1} \qquad (i=0,1,2,\cdots) \tag{8.1}$$

となる.化学ポテンシャル μ は,粒子の総数 $N=\sum_{i=0}^{\infty} n_i$ が与えられれば決まる. $n_i>0$ のためには $\mu<E_i$ でなければならない.

質量 m のボース粒子から成る気体を考えよう.基底準位 E_0 以外の励起準位 $(E_1, E_2, \cdots)$ にある粒子の総数 $N'=\sum_{i=1}^{\infty} n_i$ は

$$\left.\begin{aligned}
\frac{N'}{V} &= \left(\frac{2\pi k_{\rm B}T}{m\hbar^2}\right)^{3/2} \int_0^\infty \frac{p^{1/2}\,dp}{e^{(E-\mu)/k_{\rm B}T}-1} \\
&= \left(\frac{2\pi k_{\rm B}T}{m\hbar^2}\right)^{3/2} F_{3/2}\left(-\frac{\mu}{k_{\rm B}T}\right) \\
F_{3/2}(\alpha) &\equiv \frac{2}{\sqrt{\pi}} \int_0^\infty \frac{\sqrt{x}}{e^{x+\alpha}-1}\,dx
\end{aligned}\right\} \tag{8.2}$$

となる（V は気体の体積）．高温ではほとんどの粒子は励起準位にあり，$N' \approx N$ である．$F_{3/2}(\alpha)$ は $\alpha = 0$ において最大値 $F_{3/2}(0) = 2.612$ をとり，α とともに単調に減少する関数である．

ある温度 T において励起準位 $E_1, E_2, \cdots$ に収容される粒子の上限は $N'_{\max} = 2.612 V (2\pi k_B T/m\hbar^2)^{3/2}$ ということになる．温度の低下とともに $N'_{\max}$ は減少し，$N'_{\max} = N$ となる温度は，

$$k_B T_{BE} = \frac{2\pi\hbar^2}{m}\left(\frac{N}{2.612 V}\right)^{2/3} \tag{8.3}$$

で与えられるが，これより低温になると $n_0 = N - N'_{\max}$ というマクロな数の粒子が基底準位 E_0 に落ち込むことになる．$T < T_{BE}$ で基底準位にある粒子の数は

$$\begin{aligned} n_0(T) &= N - N'_{\max}(T) \\ &= N\left\{1 - \left(\frac{T}{T_{BE}}\right)^{3/2}\right\} \end{aligned} \tag{8.4}$$

である．このように $T < T_{BE}$ でマクロな数の粒子が最低準位に落ち込む（凝縮する）ことを**ボース–アインシュタイン凝縮**という．

液体 ^{4}He について，その質量 $m_{^4He}$ と密度 N/V を (8.3) に入れて計算すると $T_{BE} \approx 3$ K になる．これと ^{4}He の超流動転移点 2.17 K は近いので，超流動転移はおおまかにはボース凝縮として理解される．ただし，上記のボース–アインシュタイン凝縮の議論は自由なボース粒子系についてのものであったのに対して，現実の ^{4}He では相互作用が無視できない．最近では，レーザー冷却の手法でつくられたアルカリ原子の低温気体において，ボース–アインシュタイン凝縮が観測されている．

電子はフェルミ粒子であるから，もちろんそのままではボース–アインシュタイン凝縮は起こさないが，2個の電子がペアをつくることによってボース–アインシュタイン凝縮を起こすことができる．これが極めて粗っぽく表現した超伝導のメカニズムである．次節で超伝導の性質について述べる．

8.2 超伝導

多くの金属は低温に冷やすと，ある温度 T_c 以下で超伝導状態に転移する．超伝導状態は磁場がある値（臨界磁場）H_c を超えると不安定となり，系は常伝導に転移する．温度・磁場平面での相図は図 8.1 のようになる．相境界は

$$H_c(T) = H(0)\left\{1 - \left(\frac{T}{T_c}\right)^2\right\} \tag{8.5}$$

でよく表される．

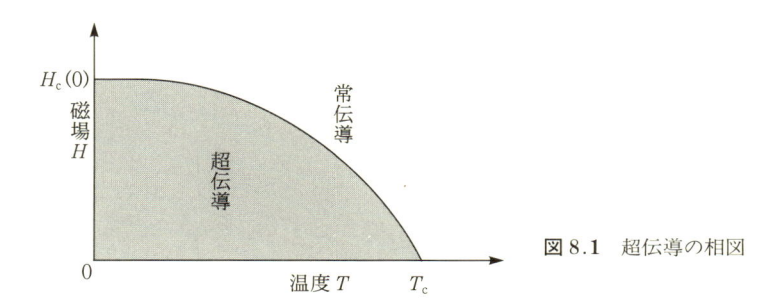

図 8.1 超伝導の相図

超伝導を特徴づける性質として，(1) 電気抵抗の消失，(2) 完全反磁性 がある．

(1) **電気抵抗の消失**： 超伝導の電気抵抗は通常の抵抗測定法では検出不可能なほど小さい．抵抗値の上限を測定するには，超伝導物質でできた環に電流を流して，その減衰の様子を観察する．減衰の時間スケールは宇宙の年齢（100 億年以上）よりも長いことが実験的に証明されているので，超伝導状態の抵抗は事実上厳密にゼロと考えることができる．

(2) **完全反磁性**： 図 8.2(a) のように常伝導状態 ($T > T_c$) で磁場をかけてから，$T < T_c$ に冷やして超伝導状態にすると，試料を貫

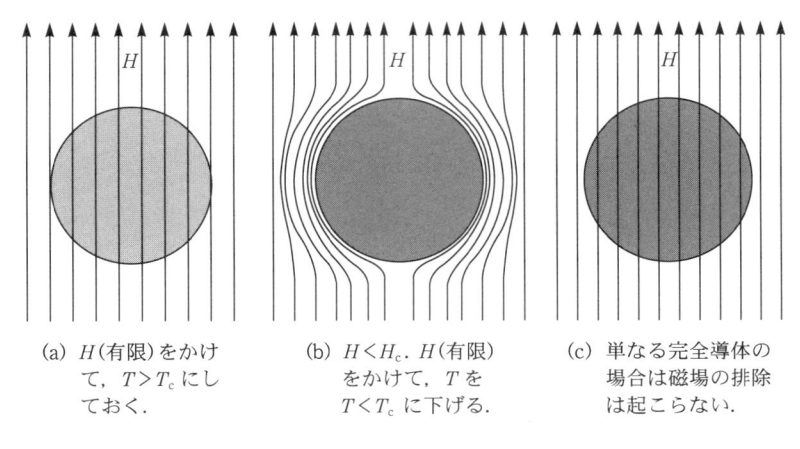

(a) H(有限)をかけて,$T > T_c$ にしておく.
(b) $H < H_c$. H(有限)をかけて,T を $T < T_c$ に下げる.
(c) 単なる完全導体の場合は磁場の排除は起こらない.

図 8.2　マイスナー効果

いていた磁場が排除されて図 8.2(b) のような状態になる.試料内部では $\boldsymbol{B} = 0$,つまり,試料は外部磁場をちょうど打ち消すような磁化 ($4\pi\boldsymbol{M} = -\boldsymbol{H}$) をもつ.これが完全反磁性,あるいは**マイスナー効果**とよばれるものである.

　電気抵抗ゼロの完全導体に外部から磁場をかけても,遮蔽電流が流れて磁場は試料内部に侵入できないわけだが,上記のように常伝導状態で磁場を印加しておいてから超伝導状態にしたときにも磁場が排除されるという意味で,マイスナー効果は「完全導体における磁場の遮蔽効果」とは本質的に異なることに注意したい.単なる完全導体に対して上記と同じ操作を行なうと図 8.2(c) のように磁場の排除は起こらない.

　磁場がさらに強くなって臨界磁場を超える ($H > H_c$) と,マイスナー状態が壊れて磁場が侵入する.マイスナー状態では試料内部の磁束密度はゼロであるが,実際には図 8.3 のように表面からほんの少しは磁場が侵入する.超伝導体内部の磁束密度は表面からの深さ x に対して,

$$B_z(x) = B_z(0)e^{-x/\lambda} \tag{8.6}$$

8.2 超伝導

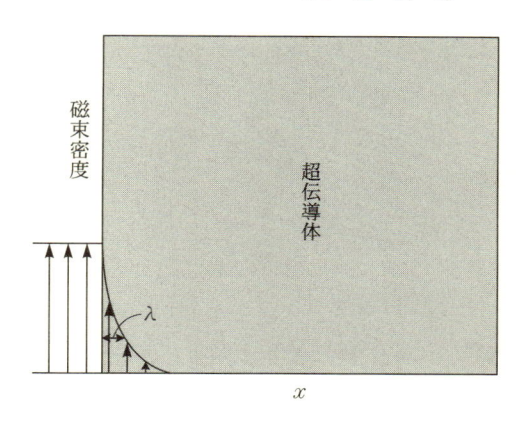

図 8.3 磁場の侵入

というように指数関数的に減衰する．λ はその減衰の距離を与えるパラメーターで，**侵入長**とよばれる．

超伝導電流を担う電子は自由加速の運動方程式に従う．

$$\left. \begin{array}{l} m^* \dfrac{d\boldsymbol{v}_\mathrm{s}}{dt} = e^* \boldsymbol{E} \\[2mm] \dfrac{d\boldsymbol{J}_\mathrm{s}}{dt} = \dfrac{n_\mathrm{s} e^{*2}}{m^*} \boldsymbol{E} \end{array} \right\} \quad (8.7)$$

ここで e^*，m^*，$\boldsymbol{v}_\mathrm{s}$ は超伝導を担う電子の電荷，質量，平均速度を表し，$\boldsymbol{J}_\mathrm{s} = n_\mathrm{s} e^* \boldsymbol{v}_\mathrm{s}$ は超伝導電流密度である．超伝導電流はこの式とマクスウェル方程式

$$\mathrm{rot}\,\boldsymbol{E} = -\frac{1}{c}\frac{\partial \boldsymbol{B}}{\partial t} \quad (8.8)$$

とから

$$\frac{d}{dt}\mathrm{rot}\,\boldsymbol{J}_\mathrm{s} = -\frac{n_\mathrm{s} e^{*2}}{m^* c}\frac{d\boldsymbol{B}}{dt} \quad (8.9)$$

という関係が成り立つが，さらに一歩進めて，(8.9) を時間 t で積分して積分定数をゼロとした

$$\mathrm{rot}\,\boldsymbol{J}_\mathrm{s} = -\frac{n_\mathrm{s} e^{*2}}{m^* c}\boldsymbol{B} \quad (8.10)$$

が成り立つとする．これは**ロンドン方程式**とよばれる．

上式ともう一つのマクスウェル方程式

$$\text{rot}\,\boldsymbol{B} = -4\pi \boldsymbol{J}_\text{s} \tag{8.11}$$

とから，

$$\text{rot}\,\text{rot}\,\boldsymbol{B} = \frac{4\pi n_\text{s} e^{*2}}{m^* c}\boldsymbol{B} \Rightarrow \nabla^2 \boldsymbol{B} = \frac{1}{\lambda^2}\boldsymbol{B}, \quad \lambda = \sqrt{\frac{m^* c}{4\pi n_\text{s} e^{*2}}} \tag{8.12}$$

となる．この方程式を図 8.3 の状況に適用することにより，(8.6) が得られる．(8.10) をベクトル・ポテンシャル $\boldsymbol{A}$ を用いて書き直すと（$\boldsymbol{B} = \text{rot}\,\boldsymbol{A}$ であるから），

$$\boldsymbol{J}_\text{s} = -\frac{n_\text{s} e^{*2}}{m^* c}\boldsymbol{A} \tag{8.13}$$

となる．上式は超伝導電流がベクトル・ポテンシャルに直接比例することを意味しており，マクスウェル方程式とは異なる．

8.3 BCS 機構

伝導電子の間には通常クーロン斥力がはたらく．ところが，超伝導物質ではあるエネルギーの範囲で電子間に引力が作用し，電子が対を形成する．電子対はボース粒子と見なすことができるので，低温においてボース－アインシュタイン凝縮を起こす．これが先ほども記したようにごく大雑把に表現した超伝導発現機構のシナリオである．この理論はバーディーン，クーパー，シュリーファー（Bardeen, Cooper, Schrieffer）の 3 名がつくった理論なので，その頭文字をとって **BCS 理論**とよばれている．

クーロン斥力を凌ぐ引力の起源は，フォノン（格子振動）を介した電子間相互作用にある．結晶中を 1 つの電子が走るとき，フォノン（格子変位）がその電子と作用して陽イオンがわずかに電子の方向に寄る．そのようにして

8.3 BCS 機構

正電荷が平均よりも多くなったところをもう1つ電子が通過すると，2つの電子の間には実効的な引力がはたらくことになる．この引力がクーロン斥力に勝れば2つの電子のペアが形成される．これは**クーパー対**（Cooper pair）とよばれている．クーパー対を形成する2つの電子はスピンが互いに逆向きであり，スピン量子数はゼロとなってボース粒子になる．それらが低温でボース‒アインシュタイン凝縮を起こし，マクロな数のクーパー対が，最低エネルギー状態に落ち込んだ状態が超伝導である．

クーパー対の形成は，次のような問題（クーパー問題）を考えることによって理解できる．いま，フェルミ球のすぐ外側に2つの電子を付け加えることを想定する．ただし，それらはフェルミ球を挟んでちょうど反対の k と $-k$ にあり，互いに逆向きのスピンをもつものとする．2体の波動関数 $\psi(r_1, r_2)$ が満たすべきシュレーディンガー方程式は次のようになる．

$$\left[-\frac{\hbar^2}{2m}(\nabla_1^2 + \nabla_2^2) + V(r_1, r_2)\right]\psi(r_1, r_2) = E\,\psi(r_1, r_2) \tag{8.14}$$

ここで $V(r_1, r_2)$ は2電子間の相互作用である．仮に2つの電子間に相互作用がない（$V(r_1, r_2)=0$）ものとすれば，波動関数は逆向きの波数 k, k' の平面波の積の形に書ける（L は系のサイズ）．

$$\psi(r_1, r_2) = \frac{1}{L^{3/2}}e^{ik\cdot r_1}\frac{1}{L^{3/2}}e^{-ik\cdot r_2} = \frac{1}{L^3}e^{ik\cdot(r_1-r_2)} \tag{8.15}$$

相互作用がある場合の波動関数の一般的な形は

$$\psi(r_1, r_2) = \frac{1}{L^3}\sum_{|k|>k_F} A_k e^{ik\cdot(r_1-r_2)} \tag{8.16}$$

で表される．2電子のスピンが逆向きとしたので，波動関数は対称である．(8.16) を (8.14) に代入して

$$V_k \equiv \int V(r)e^{-ik\cdot r}\,dr \tag{8.17}$$

を用いると，

$$(E - 2\varepsilon_k)A_k = \sum_{|k'|>k_F} V_{k-k'}A_{k'} \qquad (8.18)$$

と表される．

相互作用のない場合（$V_{k-k'} = 0$）の固有値は，$E = 2\varepsilon_k$ である．相互作用を入れることによって，$E = 2\varepsilon_F$ よりも低いエネルギーの固有値が生まれるようならば，2つの電子は束縛状態をつくるというわけである．

計算を進めるために，相互作用ポテンシャルを次の式で近似する．

$$V_{k-k'} = \begin{cases} V\,(\text{負の定数}) & (|\varepsilon_k - \varepsilon_F| < \hbar\omega_D) \\ 0 & (\text{それ以外}) \end{cases} \qquad (8.19)$$

つまり，フェルミ面から $\hbar\omega_D$ くらいのエネルギーの範囲では，2つの電子間に V という大きさの引力ポテンシャルがはたらくものとする．ω_D はフォノンのエネルギースケールを表すデバイ振動数である．(8.19) を (8.18) に代入すると，

$$(E - 2\varepsilon_k)A_k = V \sum_{0<|\varepsilon-\varepsilon_F|<\hbar\omega_D} A_{k'} \qquad (8.20)$$

となる．ここで $A \equiv \sum_{0<|\varepsilon-\varepsilon_F|<\hbar\omega_D} A_{k'}$ とおくと，(8.20) より $A_k = VA/(E - 2\varepsilon_k)$ となるから

$$A = \sum_{0<|\varepsilon-\varepsilon_F|<\hbar\omega_D} \frac{V}{E - 2\varepsilon_k} A \qquad (8.21)$$

すなわち，

$$\frac{1}{|V|} = -\sum_{0<|\varepsilon-\varepsilon_F|<\hbar\omega_D} \frac{1}{E - 2\varepsilon_k} \qquad (8.22)$$

となる．最後の式では，V が負であることを顕に示した．

図 8.4 は (8.22) の右辺を模式的に描いたものである．相互作用のないとき（$V = 0$）の固有値 $E = 2\varepsilon_k$ が縦の点線で示されている．このグラフの水平線との交点（○印）が固有値を与える．この図から，$V < 0$ であれば必ず $E < 2\varepsilon_F$ の固有値が存在すること，つまり2電子の束縛状態が現れることがわかる．(8.22) の和をエネルギー積分におきかえると，

8.3 BCS 機構

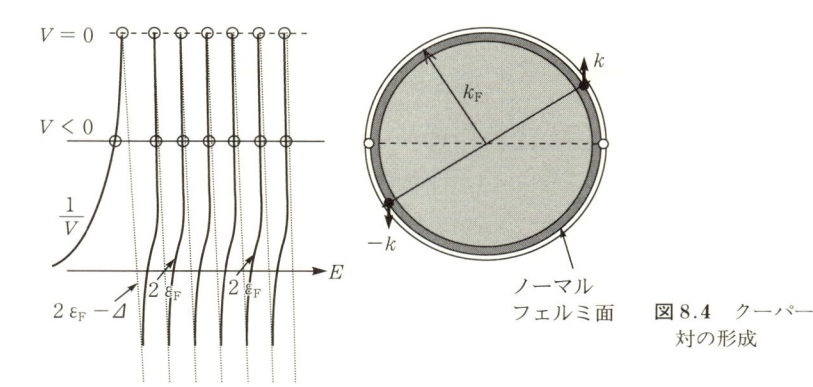

$$\frac{1}{|V|} = \int_{\varepsilon_F}^{\varepsilon_F + \hbar\omega_D} \frac{1}{2\varepsilon - E} N(\varepsilon)\, d\varepsilon$$

$$\approx N(\varepsilon_F) \int_{\varepsilon_F}^{\varepsilon_F + \hbar\omega_D} \frac{1}{2\varepsilon - E}\, d\varepsilon$$

$$= \frac{1}{2} N(\varepsilon_F) \ln\left(\frac{2\varepsilon_F - E + 2\hbar\omega_D}{2\varepsilon_F - E}\right) \tag{8.23}$$

となる．弱結合 $N(\varepsilon_F)|V| \ll 1$ の場合は，上式より，

$$E \approx 2\varepsilon_F - 2\hbar\omega_D e^{-2/N(\varepsilon_F)|V|} \tag{8.24}$$

が得られる．この式の右辺第2項はクーパー対の束縛エネルギーである．これはデバイエネルギー ($\hbar\omega_D \approx 100 \sim 1000\,\mathrm{K}$) に比べて数桁小さい．

以上の議論を復習すると，フェルミ面付近 ($0 < |\varepsilon_k - \varepsilon_F| < \hbar\omega_D$ くらいの範囲) の2電子 (k, σ)，($-k, -\sigma$) の間に実効的な引力がはたらくことによってクーパー対が形成され，その集団がボース–アインシュタイン凝縮を起こすというのが超伝導の本質である．

クーパー対の形成によってフェルミ面付近の電子状態が変わり，

図 8.4 クーパー対の形成

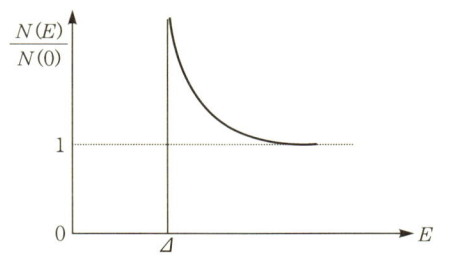

図 8.5 超伝導状態の状態密度

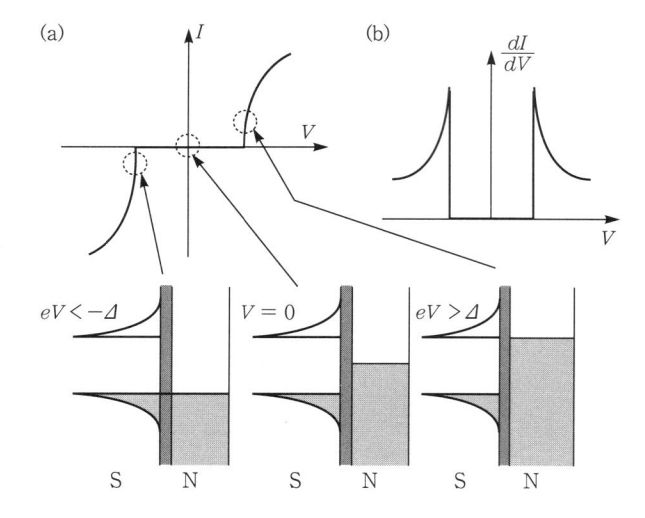

図 8.6 超伝導のトンネル測定
(a) 電流電圧（I-V）特性．下側の3つの図はそれぞれのバイアス電圧値における超伝導（S）側および常伝導（N）側の電子状態密度の関係
(b) 微分コンダクタンス dI/dV は状態密度の形を与える．

エネルギー・ギャップ Δ が生ずる．図 8.5 にその状態を記す．BCS 理論によれば，絶対零度での超伝導エネルギー・ギャップの大きさと臨界温度との間には，$2\Delta(0)/k_B T_c \approx 3.52$ という関係がある．図 8.6 のようにトンネル効果の測定により，超伝導の転移温度と状態密度が測られる．

8.4 第Ⅰ種超伝導体と第Ⅱ種超伝導体

超伝導体の磁化の磁場依存性は図 8.7 のようになる．図 8.7(a) は**第Ⅰ種超伝導体**，図 (b) は**第Ⅱ種超伝導体**とよばれるものである．第Ⅰ種超伝導体の場合，臨界磁場 $H_c(T)$ 以下では完全反磁性（マイスナー効果）を示すが，$H_c(T)$ において突然超伝導状態が壊れて常伝導状態になる．第Ⅱ種超伝導体の場合，下部臨界磁場 $H_{c1}(T)$ 以下ではマイスナー状態であるが，$H_{c1}(T)$ を超えると磁場が超伝導体内部に侵入する．磁場の侵入は渦糸（磁束）の形で入る．渦糸は $\phi_c \equiv h/2e = 2.07 \times 10^{-7}$ G·cm^2 $= 2.07 \times 10^{-15}$ Wb という大きさに磁束量子化されている．さらに，高磁場の上部臨界磁場 $H_{c2}(T)$

8.4 第Ⅰ種超伝導体と第Ⅱ種超伝導体   113

(a) 第Ⅰ種超伝導体   (b) 第Ⅱ種超伝導体

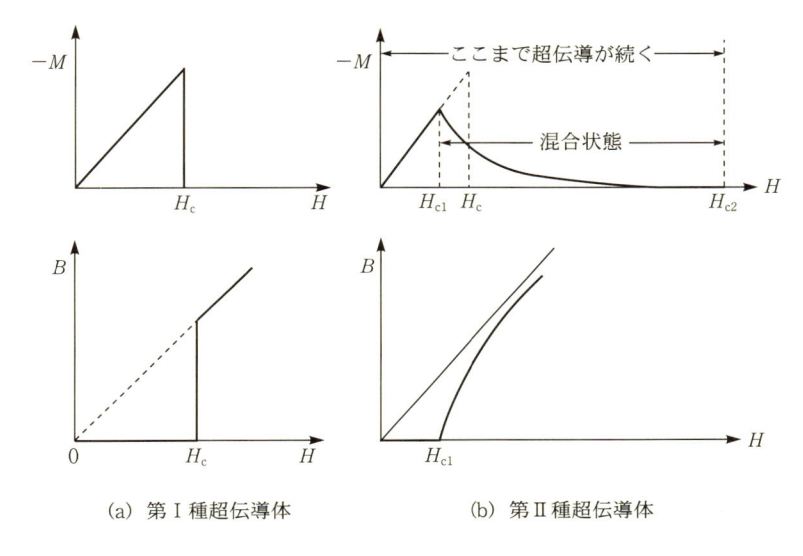

図 8.7 超伝導の熱平衡磁化

において，超伝導状態から常伝導状態への遷移が起こる．第Ⅱ種超伝導体の $H_{c1} < H < H_{c2}$ の範囲は**混合状態**とよばれている．

図 8.8(a) は第Ⅱ種超伝導体で見られる渦糸の構造を模式的に描いたものである．中心に半径 ξ 程度の常伝導の芯があり，その周りに超伝導電流が流れている．ξ つまり渦糸の半径を**コヒーレンス長**という．ξ の値は超伝導

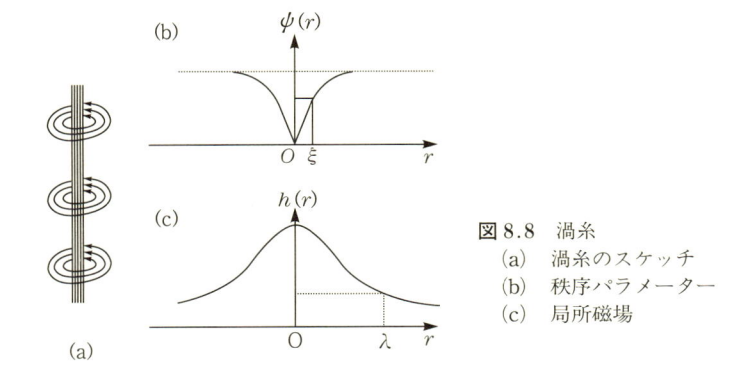

図 8.8 渦糸
(a) 渦糸のスケッチ
(b) 秩序パラメーター
(c) 局所磁場

物質によってさまざまで，だいたい $10 \sim 10^5$ Å の範囲にある．超伝導電流が流れている範囲は渦糸の中心から λ，つまり侵入長程度である．

第Ⅰ種と第Ⅱ種の違いは，第Ⅰ種では $\xi > \sqrt{2}\lambda$，第Ⅱ種では $\xi < \sqrt{2}\lambda$ となることである．第Ⅱ種超伝導体の下部臨界磁場 $H_{c1}(T)$ は

$$H_{c1}(T) \approx \frac{\phi_0}{4\pi\,\lambda^2(T)} \ln \frac{\lambda}{\xi} \tag{8.25}$$

と表され，侵入長 λ が長いほど $H_{c1}(T)$ は小さい．一方，上部臨界磁場の方は，

$$H_{c2}(T) = \frac{\phi_0}{2\pi\,\xi^2(T)} \tag{8.26}$$

で与えられ，コヒーレンス長 ξ が短いほど高磁場まで超伝導状態が壊れない．渦糸の芯の面積が $\pi\xi^2$ であることを思い出すと，(8.26) は「渦糸の芯同士が接するほどの磁束密度になれば混合状態から常伝導状態へと転移する」ことを表すものとして直観的に理解できる．

第Ⅱ種超伝導体の**混合状態**において超伝導体内部に侵入した渦糸は，互いの反発力のため三角格子を形成する．これを**アブリコソフ**（Abrikosov）**格子**とよぶ．図 8.9 はアブリコソフ格子を，強磁性体粉をふりかけて写真に撮ったものである．

第Ⅱ種超伝導体の混合状態に電流を流すと，渦糸にはローレンツ力とよばれる力がかかる．磁束密度を $\boldsymbol{B}$，電流密度を $\boldsymbol{J}$ とすると，ローレンツ力は $\boldsymbol{J} \times \boldsymbol{B}$ である．ローレンツ力によって渦糸が速度 v_L で動いたとすると，電磁誘導の法則に従って $\boldsymbol{E} = v_L \times \boldsymbol{B}$ という電場が発生する．電流密度 $\boldsymbol{J}$ に平行な電場 $\boldsymbol{E}$ が発生するということは，ゼロでない抵抗が生じているということに他ならない．

図 8.9　アブリコソフ格子[12]

このように第II種超伝導体の混合状態では，一般に渦糸の運動によるエネルギー散逸，すなわち抵抗発生が起こり得る．エネルギー散逸を起こさせないためには，渦糸の運動を抑える必要がある．そのため，不純物や欠陥を導入して，渦糸を固定するための**ピン止め**としてはたらかせる．ローレンツ力は電流密度に比例して大きくなるから，どのくらいの電流密度まで抵抗ゼロで流せるかはピン止め力の強さ如何にかかっている．実用材料としての超伝導体では，いかにピン止めを強くして臨界電流密度を高くするかが重要である．

8.5 コーン異常

超伝導のクーパー対をつくる電子間の引力相互作用は，元をただせば電子-格子相互作用にある．電子-格子相互作用は，フォノンによる電子散乱を通じて電気抵抗をもたらしたり，電子にフォノンの衣をまとわせてポーラロンとよばれる複合体をつくったりするなど，電子物性に種々の影響を及ぼす．電子-格子相互作用の効果の中でも劇的な効果の一つは，**コーン異常**(Kohn anomaly) とよばれるものである．これは，電子系に潜在する特定波数の摂動に対する不安定性と電子-格子相互作用が相まって引き起こされる現象である．

金属に外部からゆさぶり（電場とか弾性波など）のポテンシャルがかかると，電子はそれに応答して運動する．波数 q および角振動数 ω の外部摂動 $V(q,\omega)$ に対する電子系の応答は，誘電関数 $\varepsilon(q,\omega)$ によって記述される．この誘電関数 $\varepsilon(q,\omega)$ は電子系による外部摂動の遮蔽を表すもので，電子系の多体系としての性質を反映する．つまり，電子系は互いに相互作用しつつポテンシャルに応答して密度分布を変化させる．

電子系の中の電子を考えたとき，それが感じるポテンシャル $U(q,\omega)$ は，

外から与えられたポテンシャル $V(\boldsymbol{q},\omega)$ とは等しくない．電子系はポテンシャル $U(\boldsymbol{q},\omega)$ に応じてその密度分布を変化させ，その変化が新たにポテンシャル（遮蔽ポテンシャル）$\delta\Phi(\boldsymbol{q},\omega)$ を生み出す．$\delta\Phi(\boldsymbol{q},\omega)$ は密度分布変化に比例し，密度分布変化はポテンシャルに比例するから，

$$\delta\Phi(\boldsymbol{q},\omega) = C(\boldsymbol{q},\omega)\, U(\boldsymbol{q},\omega) \tag{8.27}$$

という形に書ける．外部ポテンシャル $V(\boldsymbol{q},\omega)$ と $\delta\Phi(\boldsymbol{q},\omega)$ とを合わせたものが $U(\boldsymbol{q},\omega)$ であるから

$$\begin{aligned} U(\boldsymbol{q},\omega) &= V(\boldsymbol{q},\omega) + \delta\Phi(\boldsymbol{q},\omega) \\ &= V(\boldsymbol{q},\omega) + C(\boldsymbol{q},\omega)\, U(\boldsymbol{q},\omega) \end{aligned} \tag{8.28}$$

したがって

$$U(\boldsymbol{q},\omega) = \frac{V(\boldsymbol{q},\omega)}{\varepsilon(\boldsymbol{q},\omega)} \tag{8.29}$$

という形に書くことができる．

誘電率 $\varepsilon(\boldsymbol{q},\omega)$ は摂動の角振動数 ω および波数ベクトル $\boldsymbol{q}$ の関数であり，次のように表される．

$$\varepsilon(\boldsymbol{q},\omega) = 1 + \frac{4\pi e^2}{q^2}\sum_{\boldsymbol{k}} \frac{f_0(\boldsymbol{k}) - f_0(\boldsymbol{k}+\boldsymbol{q})}{E(\boldsymbol{k}+\boldsymbol{q}) - E(\boldsymbol{q}) + \hbar\omega} \tag{8.30}$$

特に，低振動数極限（$\omega \to 0$）では

$$\begin{aligned} \varepsilon(\boldsymbol{q},0) &= 1 + \frac{4\pi e^2}{q^2}\sum_{\boldsymbol{k}} \frac{f_0(\boldsymbol{k}) - f_0(\boldsymbol{k}+\boldsymbol{q})}{E(\boldsymbol{k}+\boldsymbol{q}) - E(\boldsymbol{q})} \\ &= 1 + \frac{\lambda^2}{q^2} \qquad (\lambda^2 = 4\pi e^2 N(\varepsilon_{\mathrm{F}})) \end{aligned} \tag{8.31}$$

となる．$N(\varepsilon_{\mathrm{F}})$ はフェルミ準位での状態密度である．これは**トーマス-フェルミ近似**とよばれる．

近距離の遮蔽を調べるには，q の大きい値までとり入れて (8.30) を求めなければならない．3次元の電子系（ただし，エネルギーが k^2 に比例）について，絶対零度でのそのような誘電率は，

$$\varepsilon(\boldsymbol{q},0) = 1 + \frac{4\pi e^2}{q^2}\frac{3n}{2\varepsilon_{\mathrm{F}}}\left(\frac{1}{2} + \frac{4k_{\mathrm{F}}^2 - q^2}{8k_{\mathrm{F}}q}\ln\left|\frac{2k_{\mathrm{F}} + q}{2k_{\mathrm{F}} - q}\right|\right)$$

8.5 コーン異常

$$= 1 + \frac{\lambda^2(q)}{q^2} \tag{8.32}$$

となる．(8.32) は図 8.10 の曲線 A のようになり，$q = 2k_F$ のところに変曲点がある．これはフェルミ面の直径が $2k_F$ であることからくる誘電応答の特異性を反映するもので，**$2k_F$ 異常**とよばれている．

図 8.10 の A, B, C はそれぞれ 3, 2, 1 次元電子系について計算したものである．図 8.10 に点線や破線で示されて

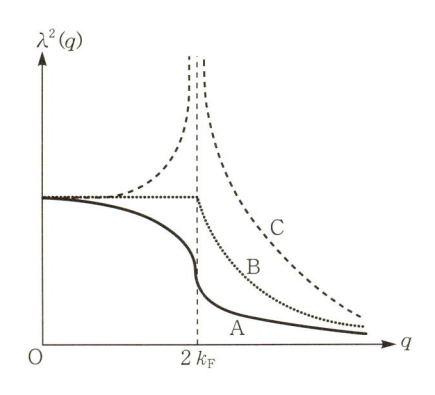

図 8.10 遮蔽パラメーター λ^2 の波数依存性[1]
（A：3 次元系，B：2 次元系，C：1 次元系）

いるように，2 次元系や 1 次元系においては $q = 2k_F$ における誘電応答の特異性が 3 次元系よりも顕著に現れる．3 次元系でも柱状のフェルミ面あるいは平行板状のフェルミ面であれば，図の B や C 型の $2k_F$ 異常応答を示すことになる．3, 2, 1 と次元数が低下するにつれて遮蔽パラメーターの異常が激しくなるのは，$q = 2k_F$ に参加する電子数の割合が多くなるためである．特に 1 次元では k 空間は 1 つの線となり，フェルミ面はフェルミ点となるのでフェルミ面上の全電子が $2k_F$ 異常に寄与することになり，特に強い不安定性が起こる．この点は次節のパイエルス転移で詳しく述べる．

電子系に対するゆさぶりとしては格子振動，つまりフォノンがある．イオン同士も (8.28) のポテンシャル $U(\boldsymbol{q}, \omega)$ を通して相互作用するので，誘電応答関数 $\varepsilon(\boldsymbol{q}, \omega)$ の特異点に当る波数 $q = 2k_F$ のところではフォノンの分散関係 $\Omega(q)$ に異常が起こる．極端な場合には次項で述べるようなパイエルス転移が起こるし，そこまでいかなくても $q = 2k_F$ という波数の格子振動に対する復元力が弱まって，フォノンのソフト化（振動数低下）という現象が現れる．このような特異性を**コーン異常**という．

118   8. 電子系の相転移

コーン異常を検出するには，格子振動を中性子回折などで調べるという手法がとられる．コーン異常は $q = 2k_\mathrm{F}$ という条件を反映しているから，いろいろな方向についてフォノンのソフト化が起こる波数 q を調べることによって，フェルミ面の形状に関する情報が得られる．さらに一般的にいえば，逆格子ベクトルを G として，

$$|q + G| = 2k_\mathrm{F} \tag{8.33}$$

がコーン異常を生ずる条件となる．フェルミ面が球であるよりも，直方体とかシリンダーといったフェルミ面の平行部分の多い形状の方が同じ $2k_\mathrm{F}$ を与える電子数が多くなるため，コーン異常が顕著に出やすい．

図 8.11 は Pb の第 3 ブリルアン・ゾーンにおける電子フェルミ面のスケッチであるが，電子フェルミ面が三角柱を交差したような形状をもつ Pb について，中性子回折で調べることにより，フォノン分散関係として初めてコーン異常が見出された．このコーン異常には柱状のフェルミ面が寄与している．

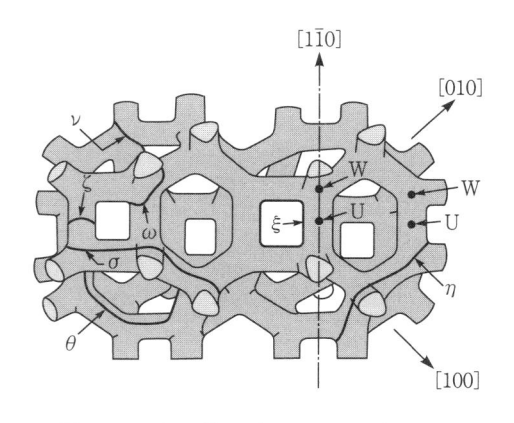

図 8.11 Pb の第 3 ブリルアン・ゾーンの電子フェルミ面（反復ゾーン形式の図）．ジャングルジム型フェルミ面とよばれる（太線は極値軌道の例）．

図 8.12 は，ブロックハウスらの中性子回折による Pb と Pb-Tl 合金の [111] 方向の縦波フォノンの分散曲線である．矢印の凹みはコーン異常として説明される．すなわち Pb についていえば，矢印に対応する波数はフェルミ面の直径に相当していることが明らかにされている．Pb には Tl が 70% まで固溶するが，20, 40, 60% と固溶するにつれ，コーン異常を引き起こすフェルミ面波数が減少していることが図からわかる．これは，4 価の Pb に 3 価の Tl を入れれば自由電子のフェルミ球の直径が減少

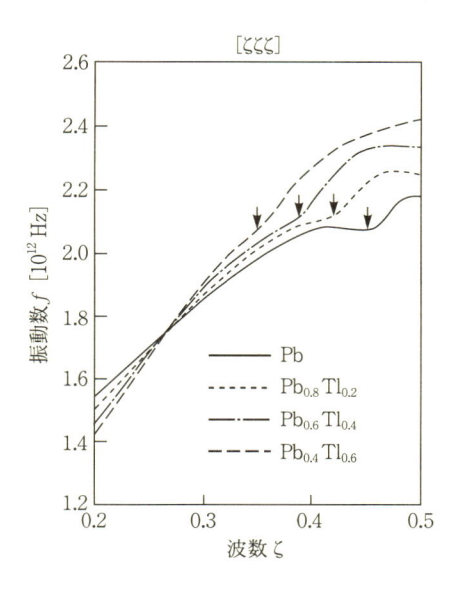

図8.12 Pbの[111]方向の縦波フォノンの分散曲線に現れたコーン異常．4価のPbに3価のTlを加えるとコーン異常の波数がずれる．[1]

することに対応している．なお，Tl量の増加とともにコーン異常の凹みが弱まっているのは，電子原子比の減少によって電子 - 格子相互作用が減少しているためと考えられる．

8.6 パイエルス転移

1次元の誘電関数は図8.10のように$q = 2k_F$において発散する．この発散は対応するフォノンの振動数ωをゼロにまで押し下げる．つまり，フォノンのソフト化の極限として波数がゼロ，すなわち静的な歪みを引き起こす．有限温度では図8.10の$q = 2k_F$における発散はなまっていくので，その静的歪みが実際に起こるのはある温度以下である．（真の1次元では揺動が大きくて転移温度は厳密には定義できないが，ここでの議論は揺動を考えない分子場近似である.）

高温から温度を下げていくと，ある臨界温度 T_P において波数 $q = 2k_F$ のフォノン振動数がゼロとなり，静的格子歪みが現れる．これにともなって電子バンドにはブラッグ反射によるギャップがフェルミ点のところに生じ，その1次元導体は絶縁体となる．このように，1次元系でコーン異常によるフォノンのソフト化が極限に達して，ω がゼロとなり相転移が生ずる現象を**パイエルス転移**という．

パイエルス転移にともなう金属−絶縁体転移について少し詳しく考察しよう．1次元格子に波数 Q の格子変調 $\delta u(x) = u_0 \cos Qx$ が生じたとしよう．それにともなって，電子系に対して新たに波数 Q の周期ポテンシャルが作用する．それを $V(x) = V_0 \cos Qx$ とする．ただし，周期ポテンシャルは格子変調の振幅に比例するものとする（$V_0 = \alpha u_0$）．この周期ポテンシャルのもとで電子の固有状態を求めるのは，通常の自由電子近似でバンドを求めるのと同じ方法である．エネルギー固有値は次のようになる．

$$E = \frac{1}{2}\{\varepsilon_k + \varepsilon_{k+Q} \pm \sqrt{(\varepsilon_k - \varepsilon_{k+Q})^2 + V_0^2}\} \qquad (8.34)$$

$\varepsilon_k, \varepsilon_{k+Q}$ は周期ポテンシャルがかかる前のエネルギー固有値である．

(8.34) は $k = -k \pm Q$，つまり $k = |Q/2|$，$\varepsilon_k = \varepsilon_{k+Q}$ のときに $E = \varepsilon_k \pm V_0$ となり，エネルギー・ギャップ $2V_0$ を生ずる．もし $|Q| = 2k_F$ であれば，このギャップはフェルミ点のところにくるから，電子のエネルギーは，すべてその周期ポテンシャルによって押し下げられ，パイエルス・ギャップの生成によって全エネルギーは必ず得となる．したがって，$|Q| = 2k_F$ の波数の格子歪みが生じ，初めに考えた1次元導体はエネルギー・ギャップをもつ絶縁体になる．

この効果はパイエルス (Peierls) によって1955年頃に予想されていたが，1970年代に TTF‒TCNQ（テトラチアフバレン‒テトラシアノキノジメタン）や KCP（$K_2Pt(CN)_4X_{0.3}nH_2O, (X=Br, Cl)$）といった擬1次元導体の構造解析による相転移の研究が進んで，パイエルス転移が具体的物質で

8.6 パイエルス転移

立証された．

図 8.13 は，TTF‑TCNQ の電気伝導度の温度変化率を示す．伝導度は温度とともに上がり，58 K でピークを示し，その後急激に低下している．上昇の際の傾斜は 53 K で最も急激になる．この温度は電荷密度波の挙動から定めたパイエルス転移温度と一致している．図のように，伝導度はパイエルス転移によって絶縁体へと低下していることを示す．

パイエルス・ギャップが生じたら，系は絶縁体になると単純には思われるが，必ずしもそうではない．というのは，パイエルス転移が起こっている状態で電子の集団運動が起こり得るからである．バーディーンはそのような状態が超伝導的であるという考え方を提案した．そして，この考え方はリー (Lee) らによって発展させられた．その骨子は次の通りである．

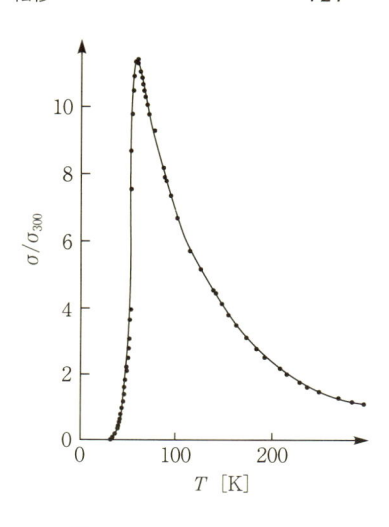

図 8.13 TTF‑TCNQ の電気伝導[1]

前述の周期的格子変調は電子‑格子相互作用を通じて電子密度 $n(x)$ に
$$n(x) = n_0 + \delta n \cos(Qx + \phi) \tag{8.35}$$
の形の空間変化（8.7 節で述べる電荷密度波 (CDW)）を生じさせる．上式には振幅 δn と位相 ϕ の 2 つの自由度があるが，位相 $\phi(x)$ を変数とする波は波数ゼロ ($Q = 0$) で有限の速度をもつ．これは，CDW は形を変えずに全体として運動するモードである．その伝導度は $\sigma(\omega) = ne^2/im^*\omega$ と純虚数になる．純虚数の伝導度は，エネルギー散逸がゼロであることを意味するので，超伝導的だというのである．この空間的な位相の変化を準粒子と見なして**フェーゾン**とよぶ．

CDW のフェーゾンが抵抗をもたないで動くのは超伝導に似ている．しか

しながら，超伝導電流とCDWの運動とでは大きな違いがある．通常の超伝導は不純物散乱を受けないのに対して，フェーゾンの場合は図8.14のように空間的に不純物が散在していると，不純物ポテンシャルに対して電子密度が最小のエネルギーをもつようにCDWの位相が空間的に固定される．つまりCDWはピン止めされて，弱い電場では動けなくなる．電場をある程度上げるとピン止めが外れてCDWが集団運動を始める．これをCDWの**スライディング**とよぶ．

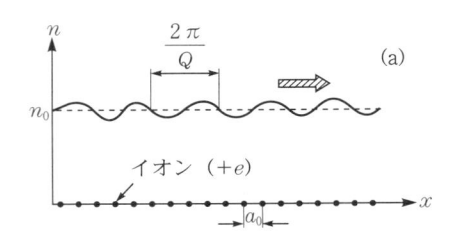

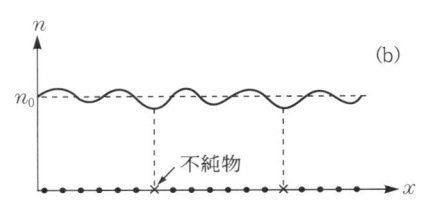

図 8.14[1)]　(a) 不純物のない場合のCDWは動ける．
(b) 不純物によって位相がピン止めされたCDWは動けない．

8.7 電荷密度波とスピン密度波

(8.30)をみると，フェルミ面上の多くの部分について，電子の占有状態と非占有状態とがある特別の1つの波数 q によって結び付けられるような状況（これを**ネスティング**（nesting）という）では，その波数に対する誘電関数の値が大きくなることがわかる．図8.15は層状化合物1T-TaS$_2$

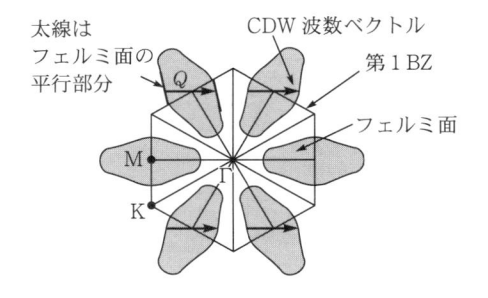

図 8.15　1T-TaS$_2$ の層面内のフェルミ面断面．CDW波数 Q は ΓM [100] 方向．[1)]

のフェルミ面を描いたもので，フェルミ面が柱状であることから，図に矢印で示したような波数 Q に対してネスティングが起こっている．フェルミ面が各々直方体であったとして，互いに平行な部分が向かい合う面の片方はフェルミ面の内側，もう片方は外側であり，その向かい合う間隔が q のとき，誘電関数は $\varepsilon(q,0) \propto \ln(\varepsilon_F/k_B T)$ で発散する．

このような静的歪み（フォノンでいえばパイエルス転移）は誘電関数の発散 $\ln(\varepsilon_F/k_B T)$ の形からみると，$T \to 0$ でないと生じない．しかし，電子-格子あるいは電子-電子相互作用をとり入れると，不安定性が有限温度で生じる．同じことは平面でなくとも，電子面と正孔面が互いに q だけ平行移動すれば合致するような場合に生ずる．

一般化された誘電関数 $\tilde{\varepsilon}(q)$ は次のように表される．

$$\tilde{\varepsilon}(q) = \frac{\varepsilon(q)}{1 - I(q)\,\varepsilon(q)} \qquad (8.36)$$

ここで $I(q)$ は電子-格子または電子-電子相互作用である．上式によれば，$I(q)\,\varepsilon(q) = 1$ で $\tilde{\varepsilon}(q)$ が発散し，不安定性が生ずる．$\varepsilon(q)$ は温度降下とともに増大するので，ある有限温度 T_c において不安定性が起こる．$I(q)$ が電子-格子の相互作用の場合，(8.36) の分母をゼロにする波数 Q のフォノンの振動数は $\omega = 0$ となって，静的格子歪み，つまりパイエルス転移を生じ，電子密度の波，つまり (8.35) の波が生ずる．これを**電荷密度波**（CDW）という．

CDW の波長 $2\pi/Q$ がもとの格子の整数倍になっている先天性はないので，一般には CDW の波長は格子波長と非整合（incommensurate：簡単な分数比の関係にないこと）である．これを非整合電荷密度波（incommensurate charge density wave：ICDW）とよぶ．それに対して，CDW の周期がもとの格子と簡単な分数比の関係になっているものを整合電荷密度波（commensurate charge density wave：CCDW）という．

CDW は V 族遷移金属のカルコゲン化合物 TaS_2, $TaSe_2$, $NbSe_2$, VSe_2 な

124   8. 電子系の相転移

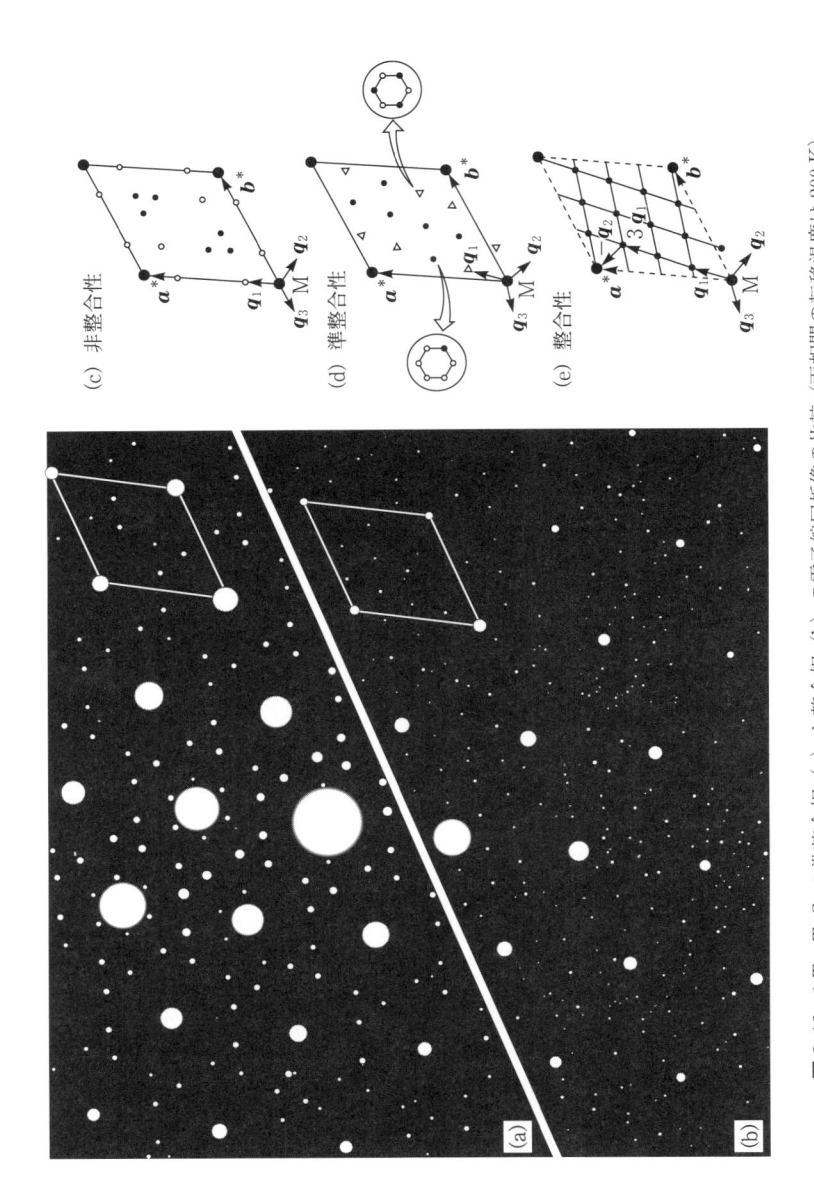

図 8.16 1T-TaS$_2$ の準整合相 (a) と整合相 (b) の電子線回折像の比較（両相間の転移温度は 200 K）．右図(c), (d), (e) は回折単位胞のスケッチ．[1]

(c) 非整合性
(d) 準整合性
(e) 整合性

どで見出されている．これらは層状結晶であって，フェルミ面が図 8.15 のように柱状であり，ネスティング条件が満たされている．フェルミ面の柱断面の形に平行部分が多いと CDW が高い温度で生ずる．例えば 1 T ポリタイプの TaS_2（図 8.16）や $TaSe_2$ では約 600 K，2 H ポリタイプの TaS_2 では約 60 K で生ずる．（1 T ポリタイプの方が 2 H ポリタイプより柱面がより直線的である．）図 8.16(c) 〜 (e) は 1 T - TaS_2 の CDW の波数ベクトルとフェルミ面の関係である．(001) 面で同等の波数のベクトル q は 3 個ある．このベクトル q は，CDW が生じた状態で電子線回折のパターンに現れるサテライト・スポット（静的格子歪み）から決められるものと合致する．

ICDW 相をさらに低温にすると，格子周期と CDW 周期の非整合によるポテンシャルエネルギーの損を減らすように，整合 CDW 相に転移することが多い．これを**整合非整合転移**という．「ノーマル → ICDW」および「ICDW → CCDW」の転移温度では，CDW のブラッグ反射によってフェルミ面が分裂して破片になっていくから，抵抗や磁化率などの電子的性質に著しい変化が見出される．

一例として，1 T - TaS_2 の 200 K における準整合，整合相転移の両側における電子回折像とそのスケッチを図 8.16 に示す．スケッチでわかるように，電子線回折の整合相でのサテライト・スポットは $3q_1 - q_2 = a^*$ のごとく q_1, q_2, q_3 の単位ベクトルの組み合わせによって TaS_2 格子の主スポット，つまりベクトル a^* と整合する．

図 8.17 には CDW 転移にともなう抵抗率とホール係数の変化の実測を示す．低温側の整合相への転移にともなって抵抗率は約 30 倍増大するが，これはホール係数の変化からわかるように，主にキャリアー濃度の減少として捉えることができる．CCDW が立つことにより超周期ポテンシャルが生じ，ブリルアン・ゾーンの折り畳みによるフェルミ面の再構築が起こって，電荷担体数が減少したことを反映している．

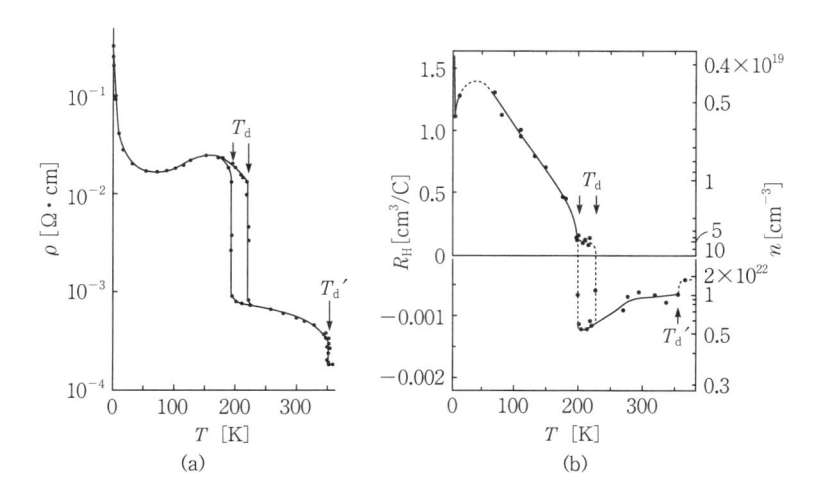

図8.17 1T‐TaS_2の非整合‐準整合転移(T_d')および準整合‐整合転移(T_d)における抵抗率(a)とホール係数(b)の変化[1]

図8.18および図8.19は,グラファイトの強磁場下における磁気抵抗の実験データである.低磁場(〜7T)までの抵抗の振動的変化はシュブニコフ・ド・ハース効果である.図8.18は東京大学物性研究所のパルス磁場を用いて,田沼(Tanuma),家(Iye),古川(Furukawa),三浦(Miura)らが行なった実験の結果であり,図8.19はMITのハイブリッド定常強磁場を用いた実験の結果である.強磁場域において磁気抵抗の急激な増大が見られるが,その転移磁場の温度依存性が図8.19(b)に示されている.この

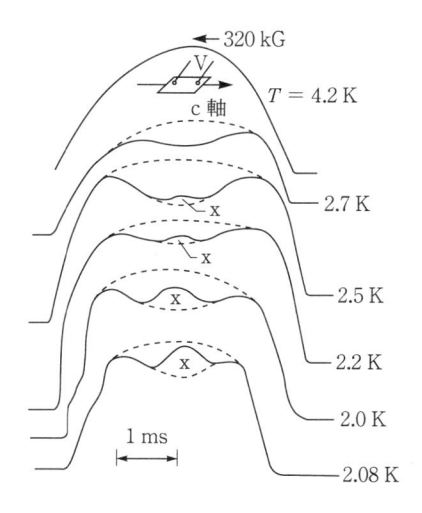

図8.18 グラファイトの強磁場下における磁気抵抗
(図中xと書いたところ)

8.7 電荷密度波とスピン密度波

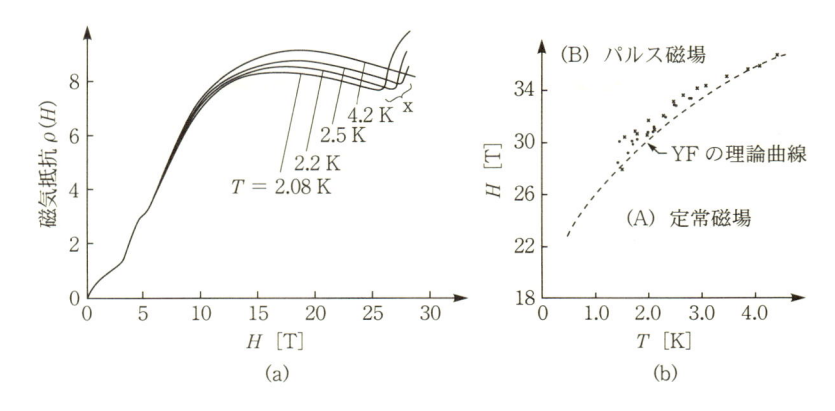

図 8.19 グラファイト単結晶の強磁場，低温下で観測された異常な抵抗上昇と H - T 臨界曲線[1]

図に描かれた破線は吉岡・福山による理論曲線で，実験データと良く一致している．

吉岡・福山のモデルは，グラファイトに c 軸方向の強磁場をかけて図 8.20 のような準量子極限状態を実現したときに，1 次元サブバンドに潜在する $2k_F$ 不安定性を考えるものである．図 8.20 のように，最も短いフェルミ面の差し渡し P - P′ 間の $2k_F$（ランダウ指数 $(0, +)$）に対応する波数の CDW 相が出現するために，抵抗の増大が生じることを主張している．ただし，ランダウ指数 $(-1, +)$ の $2k_F$ 不安定性によるスピン密度波との説もある．いずれにせよ，1 次元フェルミ点の密度波である．

スピン密度波（spin density wave : SDW）転移を起こす系として最もよく知られているのは Cr（クロム）である．図 8.21(a), (b) のように Cr のフェルミ面は Mo（モリブデン），W（タングステン）と同様に，点 Γ の電子と点 H の正孔とがほぼ正八面体をしている（面は少し凹んだ形）．その断面は図 8.21(a) のようなものである．すなわち，並進ベクトルで電子 - 正孔面はほぼネスティングする．

実験は SDW の周期が図 8.21(a) に示した Q_1 または Q_2 の方向で $0.96 \times$

グラファイトの強磁場 ($H \parallel c$ 軸, 25 T) 下のランダウ準位. c_0 は c 軸の格子定数, n はランダウ指数, σ はスピン符号. フェルミ準位には $(0, +)$, $(-1, -)$, $(-1, +)$, $(-2, -)$ の 4 準位のみが交差する.

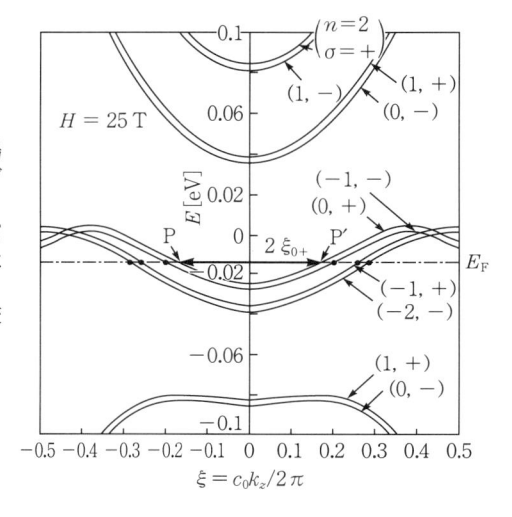

図 8.20　電子系の相転移[1]

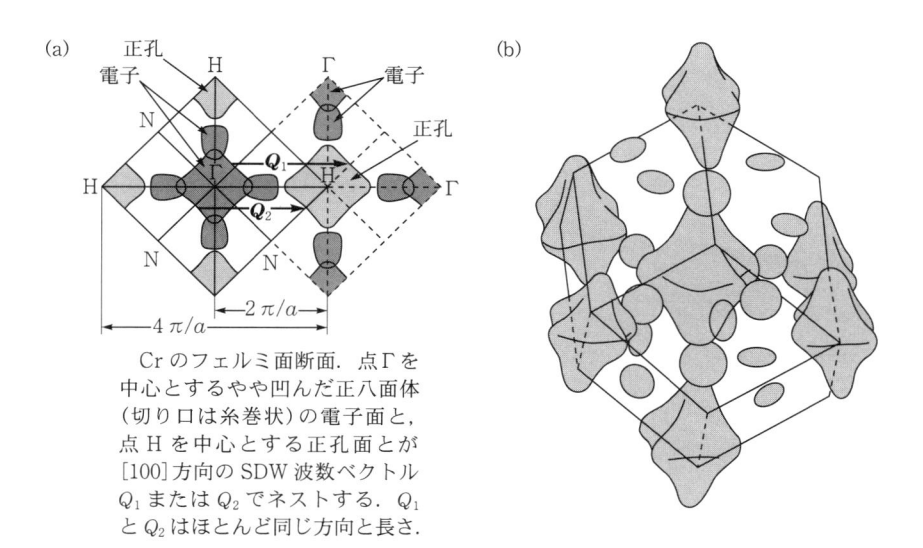

Cr のフェルミ面断面. 点 Γ を中心とするやや凹んだ正八面体 (切り口は糸巻状) の電子面と, 点 H を中心とする正孔面とが [100] 方向の SDW 波数ベクトル Q_1 または Q_2 でネストする. Q_1 と Q_2 はほとんど同じ方向と長さ.

図 8.21　Cr のフェルミ面のスケッチ[1,9]

8.7 電荷密度波とスピン密度波

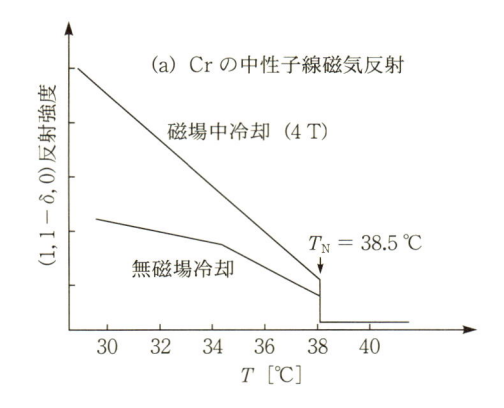

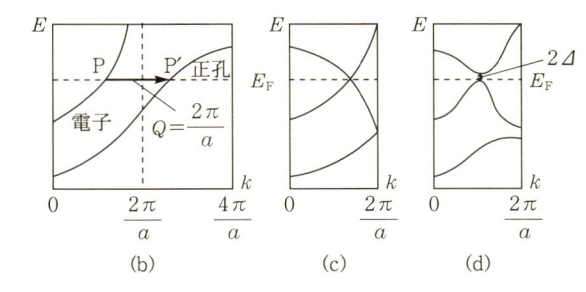

図 8.22 スピン密度波 (SDW) によって生ずるエネルギーギャップ[1]

$(2\pi/a)$ となって良く合う．スピン配列から考えると一種の反磁性である．このことは中性子線による磁気反射によって証明される．

図 8.22 は SDW 相転移の転移点であるネール点 ($T_N = 38.5$°C) 以下で，中性子線回折によって波数ベクトル $\bm{Q} = (2\pi/a)(0, 1-\delta, 0)$ の磁気反射が発生したことを示している．磁場 (4 T) を [010] 方向にかけながら冷却して T_N を通過すればネスティング・ベクトルは単一になり，[010] 方向の磁気秩序による反射が強くなる．無磁場で冷却して T_N を通過した場合には，[010] 方向と等価な [100] 方向や [001] 方向のスピン秩序も生ずるので，[010] 方向の反射強度はその分だけ弱まる．

SDW 相転移にともなう電子構造の変化を大局的に見るため，整合からの微小なずれ δ を無視して，図 8.22 のように SDW の波数ベクトル $\bm{Q}$ が

[010] 方向のブリルアン・ゾーンの基本ベクトル $4\pi/a$ の半分だとする．これでブリルアン・ゾーンは図 8.22(c) のように半分に折り返され，SDW のポテンシャルによってギャップ 2Δ が図 8.22(d) のように開く．

8.8 モット転移とウィグナー結晶

バンド・ギャップ E_g をもつ絶縁体や半導体に静水圧をかけて格子間距離を小さくしていくと，絶縁体（半導体）から金属への相転移を生ずるものが見出される．絶縁体（半導体）を構成する結晶格子の原子間隔 d を図 8.23(a) のように d_1（絶縁体）から d_0（金属）以下まで小さくしたとする．1 電子近似の描像では，図 8.23(a) のようにバンド・ギャップは連続的に正から負へと変化する．バンド・ギャップ E_g がゼロを交差する点 $(d = d_0)$ で非金属 – 金属転移が起こる．このようなバンド交差による非金属 – 金属転移を**ウィルソン**（Wilson）**転移**という．

現実の非金属 – 金属転移には，電子間クーロン相互作用や系の乱れの効果

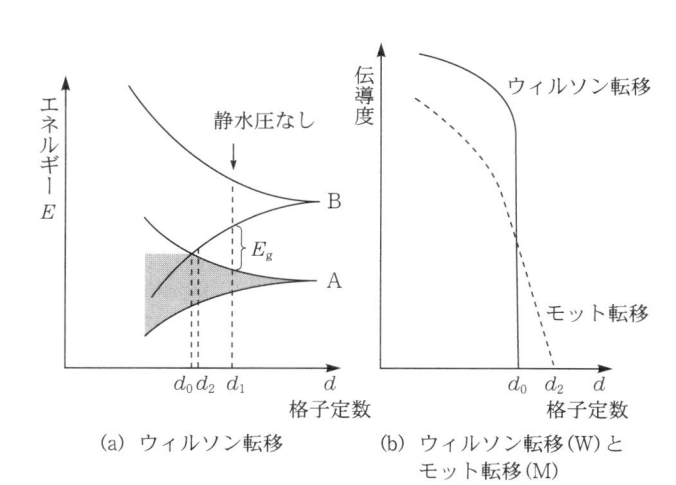

図 8.23 ウィルソン転移とモット転移[1]

(a) ウィルソン転移

(b) ウィルソン転移(W)とモット転移(M)

8.8 モット転移とウィグナー結晶

が重要な役割を果たす．金属とは，「電子・正孔対の励起エネルギーがゼロである系」といういい方もできる．絶縁体（半導体）では，電子・正孔対の励起に少なくともバンド・ギャップだけのエネルギーを必要とする．しかしながら，電子と正孔の間にはクーロン相互作用がはたらくので，その分を考慮すると，電子・正孔対の生成エネルギーは単純な 1 電子描像よりも小さくなる．電子・正孔間にはたらくクーロン相互作用 $V(r) = -e^2/\varepsilon r$ のエネルギー，つまり励起子（エキシトン）の束縛エネルギーがエネルギー・ギャップよりも大きければ，そのような電子・正孔対を生成した方がエネルギー的に得になるので，ギャップが潰れて金属となるであろう．

逆にいうと，金属の伝導電子系のフェルミエネルギーよりもクーロン相互作用が大きければ，電子間相互作用による絶縁体化が起こる可能性がある．それが起こる条件は，電子間平均距離 $\sim n^{-1/3}$（n は電子密度）のクーロンエネルギーとフェルミエネルギー $\propto n^{2/3}$ が同程度になるところとして大雑把に見積ることができる．

$$\frac{e^2}{n^{-1/3}} \approx \frac{\hbar^2}{2m} n^{2/3} \implies \frac{me^2}{\hbar^2} \approx n^{1/3} \implies n^{1/3} \approx a_B{}^*$$

(8.37)

つまり，平均電子間距離が有効ボーア半径程度という条件になる．

別の考え方としては，エキシトンの密度を上げていくことを想定する．$n^{1/3} \approx a_B{}^*$ となってエキシトンが互いに重なり合うようになると，電子（および正孔）は互いの束縛を離れて自由に動き出すようになり，系は金属的になる．これを**モット**（Mott）**転移**という．

電子系の運動エネルギーは $\propto n^{2/3}$ であり，クーロンエネルギーは $\propto n^{1/3}$ である．したがって伝導電子系の密度 n を減少させていくと，相対的にクーロンエネルギーの効果が大きくなる．電子系は高密度では液体状態であるが，低密度では**ウィグナー**（Wigner）**結晶**という固体状態になる．

8.9 アンダーソン転移

アンダーソン (Anderson) は，結晶の周期ポテンシャルが乱れた系における電子状態を論じた．ポテンシャルの深さが図 8.24(b) のように不規則な場合，その上の図 8.24(a) に描いた規則的なポテンシャルのブロッホ状態のバンド幅 W の様子と対比される．

図 (b) のような不規則さがあるとき，V/W の大きさによってバンドの裾の方の電子状態は局在する．すなわち，図 (d) のように移動度端とよばれるあるエネルギー E_c を境として，波動関数が結晶全体に拡がった状態と一部に局在した状態とに分かれる．絶対零度における化学ポテンシャル（フェルミ準位）が移動度端のどちら側にあるかによって，系が金属的であるか絶縁体的であるかが分かれる．これを**アンダーソン局在** (Anderson Localization) という．

(a) 規則ポテンシャル W(バンド幅)

(b) 不規則ポテンシャル W V(不規則ポテンシャルの幅)

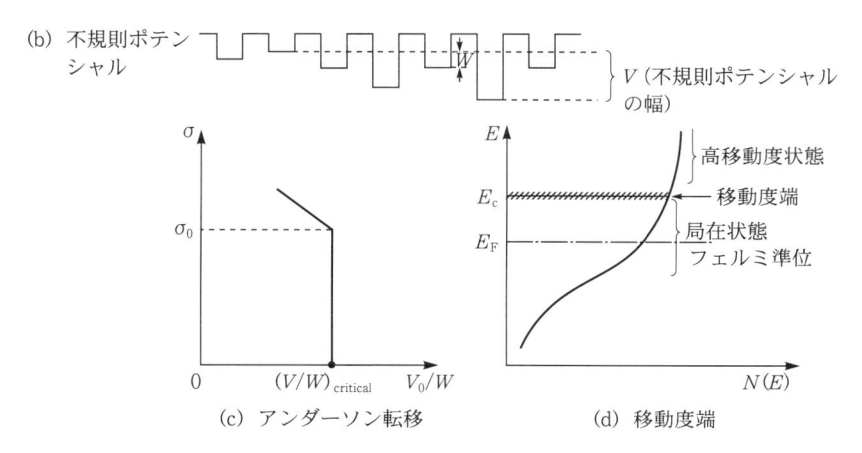

(c) アンダーソン転移

(d) 移動度端

高移動度状態
E_c 移動度端
局在状態
E_F フェルミ準位

図 8.24 アンダーソン局在の模式図[1]

8.9 アンダーソン転移

非金属状態での有限温度の電気伝導は，電子が局在状態間を跳び移るホッピング伝導による．比較的高温では隣接する局在状態間のホッピングが支配的であり，電気伝導度は

$$\sigma(T) \propto e^{-\Delta E/k_{\rm B}T} \tag{8.38}$$

という形で表される．ΔE は隣接する局在状態間のエネルギー差であり，電子はフォノンなどの励起の助けを借りてホッピングする．隣接局在状態の典型的なエネルギー差よりも十分に低温（$\Delta E \gg k_{\rm B}T$）になると隣接サイト間のホッピングは困難になり，それにかわって，より遠くではあるがエネルギー的に近いサイトへのホッピングが支配的となる．これは**可変長ホッピング**（varial range hopping）とか**広域ホッピング**とよばれる．その確率は次のようにして求められる．

距離 R 程度の範囲のホッピング先を探すとすると，その中にある局在状態のエネルギー準位で最も近いものとのエネルギー差は $\Delta E \approx \{N(E_{\rm F})R^3\}^{-1}$ である．ホッピング確率 Γ は

$$\Gamma \approx \exp\left[-\alpha R - \frac{\{N(E_{\rm F})R^3\}^{-1}}{k_{\rm B}T}\right] \tag{8.39}$$

で与えられる．指数関数の引数の第1項はホッピングする先までの距離 R とともに波動関数の重なりが指数関数的に減少することを表し，第2項は熱的にバリアを克服して，すなわち遠くまで探すことによってよりエネルギー的に近い跳び移り先を見出すという因子である．これを R について最適化すると

$$-\alpha + \frac{3}{k_{\rm B}T\,N(E_{\rm F})\,R^4} = 0 \implies R = \left(\frac{\alpha}{3N(E_{\rm F})\,k_{\rm B}T}\right)^{1/4} = \left(\frac{T_0}{T}\right)^{1/4} \tag{8.40}$$

となるので，電気伝導度の温度依存性としては，

$$\sigma(T) \propto \exp\left\{-\left(\frac{T_0}{T}\right)^{1/4}\right\} \tag{8.41}$$

という関数形になる．

上記は 3 次元系の場合であるが，d 次元系の場合について

$$\sigma(T) \propto \exp\left\{-\left(\frac{T_0}{T}\right)^{1/(d+1)}\right\} \tag{8.42}$$

となることは，上記の議論を d 次元系に適用すれば容易に理解できよう．

9
メゾスコピック系の物理

9.1 電気伝導度とスケール

　この節では導体の電気伝導におけるスケールの効果について述べる．金属のマクロサイズの試料の電気伝導度 σ は，n を電子濃度，m, e を電子の質量と電荷，τ を電子の散乱緩和時間とすると，試料の寸法にかかわらず，

$$\sigma = \frac{ne^2\tau}{m} \tag{9.1}$$

で与えられる．

　一辺の長さが L の立方体の形をした導体のコンダクタンス（抵抗の逆数）g は，電気伝導度 σ に断面積を掛けて長さで割ったもの，すなわち，

$$g = \frac{\sigma L^2}{L} = \sigma L \tag{9.2}$$

である．電気伝導度 σ が一定であれば，試料をどんどん小さくしていくと，コンダクタンスはどんどん小さくなる．しかし小さな（一般には，1000 Å 以下の）試料では，その寸法を L とすると，電気伝導度 σ が L には無関係とはいえなくなる．そのようなとき，立方体の一辺が L のときのコンダクタンス $g(L)$ と，一辺が x 倍されたときのコンダクタンス $g(xL)$ の関係は，g と x で決まる関数となり，

$$\frac{g(xL)}{g(L)} = f(g, x) \tag{9.3}$$

とおくことができる．この比 $f(g,x)$ は，$x \to 1$ のとき当然 1 となるものだから，対数をとって $\log x$ で割り $x \to 1$ の極限をとると，

$$\lim_{x \to 1} \frac{\log \frac{g(xL)}{g(L)}}{\log x} = \lim_{x \to 1} \left\{ \frac{\log g(xL) - \log g(L)}{\log xL - \log L} \right\} = \frac{d \log g}{d \log L} \equiv \beta(g) \tag{9.4}$$

となる．β は g のみの関数であるが，どんな性質をもつことになるだろうか．

コンダクタンス g の大きい極限，つまり金属伝導の場合は $d \log g / d \log L \to 1$，つまり $\beta(g \to \infty) \to 1$ となる．一方，g が小さい場合というのは，導体中の不純物や格子欠陥がつくり出しているランダムポテンシャルによって，伝導電子の波動関数がある領域に局在している場合である．この場合，g は試料サイズ L の増大とともに指数関数的に減少する（つまり $g \propto e^{-\alpha L}$）．この対数微分から $\beta(g) = \log g + （定数）$ となる．$\beta(g)$ の一般の関数系は図 9.1 のようになるであろう．

図 9.1 の曲線が横軸を切る点，つまり $\beta(g) = 0$ となるコンダクタンスの臨界値 $g = g_c$ を境として，それよりも大きい g から出発すると $\beta(g) > 0$ であるから，サイズ L が大きくなるとともに g は増し，マクロサイズの試料では (9.1) に至る．逆に g_c より小さい g から出発すると $\beta(g) < 0$ であるから，サイズ L が増すとともに g は減少し，マクロサイズの試料ではコンダクタンスはゼロ，すなわち絶縁体へと近づいていく．これがランダムポテンシャルによる電子局在（アンダーソン局在）に対するスケーリングの考え方である．

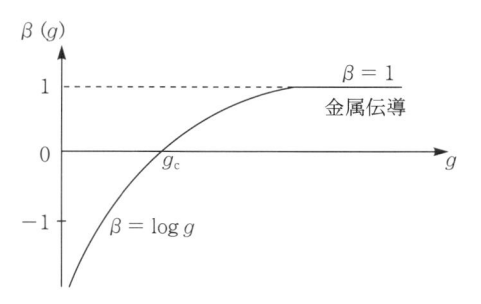

図 9.1 電気伝導度とスケールの関係

(9.2) は 3 次元系の場合であって，一般に d 次元系では
$$g = \sigma L^{d-2} \tag{9.5}$$
となる．上と同じ考察をすると，2 次元や 1 次元では g の全域にわたって $\beta(g) < 0$ であると考えられる．この場合は，どのような g の値から出発してもサイズ L が増すとともに g は減少して局在に向かうことになる．すなわち，2 次元や 1 次元では系の乱れによって電子は必ず局在するので，金属伝導は存在しないという結論になる．ただし，この結論は $L \to \infty$，つまり絶対零度のマクロな試料に対して適用されるものである．

上記の議論からわかるように，電子局在の問題には有限温度や有限サイズの効果が重要である．このようなスケーリングの考え方に立脚して，マクロとミクロの中間を意味するメゾスコピック・スケールの系の量子伝導現象が議論される．

9.2 金属リングの AB 効果

アハロノフ-ボーム (Aharonov - Bohm) 効果というのは，磁場（より

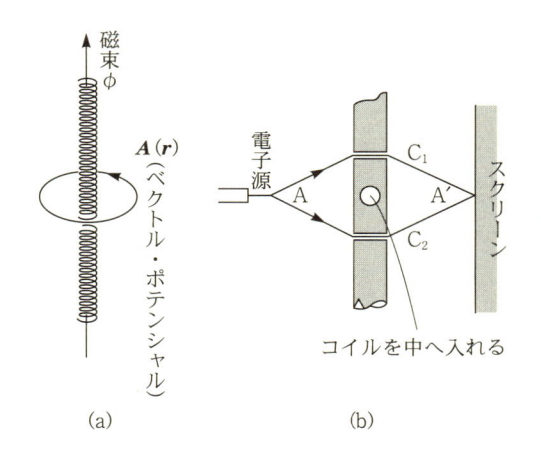

図 9.2 アハロノフ-ボーム効果の実験
(a) コイルの周りのベクトル・ポテンシャル $A(r)$
(b) C_1, C_2 の 2 つの経路を通った電子の干渉による回折

正確にいうとベクトル・ポテンシャル)が存在するところでは，電子の波動関数に余分の位相（AB 位相）が付け加わるという量子力学の原理を反映したものである．磁場の周りには，それに垂直なベクトル・ポテンシャルが存在する．

図 9.2(a) のような細いコイルに電流を流してコイル内部に z 方向の磁場が発生している状況では，コイルをとり囲むようなベクトル・ポテンシャルの場が存在する（$A_\theta(\bm{r}) = H/2\pi r$（$\theta$ はコイルの周りの角度))．図 9.2(b) に示したように，コイルの両側を通過するような電子線を考えると，それぞれの電子の波動関数の位相にはその経路に沿ったベクトル・ポテンシャルの積分に比例する AB 位相が付け加わる．

2 つの電子波の位相差は次式で与えられる．

$$\begin{aligned}
\varDelta\theta &= \frac{e}{h}\Big(\int_{C_1} \bm{A}(\bm{r})\cdot d\bm{r} - \int_{C_2} \bm{A}(\bm{r})\cdot d\bm{r}\Big) \\
&= \frac{e}{h}\oint_C \bm{A}(\bm{r})\cdot d\bm{r} \\
&= \frac{e}{h}\int_C \bm{B}\cdot d\bm{S} \\
&= \frac{\phi}{\frac{h}{e}}
\end{aligned} \tag{9.6}$$

ここで ϕ はコイルの中を貫く磁束である．$\varDelta\theta = 2n\pi$ という条件のときはコイルの両側を通る電子波が強め合う干渉を行ない，$\varDelta\theta = (2n+1)\pi$ のときは弱め合うような干渉を行なう．すなわち，干渉の様子はコイルを貫く磁束に対して周期的に変化し，その周期は h/e である．

上記の説明は真空中の電子線による AB 干渉の実験であったが，これと同様なことは固体中の電子でも行なうことができる．図 9.3(a) のようなメゾスコピックサイズの金属リング（幅〜400 Å，直径〜8000 Å）を微細加工の手法で作製し，その電気伝導度の磁場依存性を測定した結果が図 9.3(b)

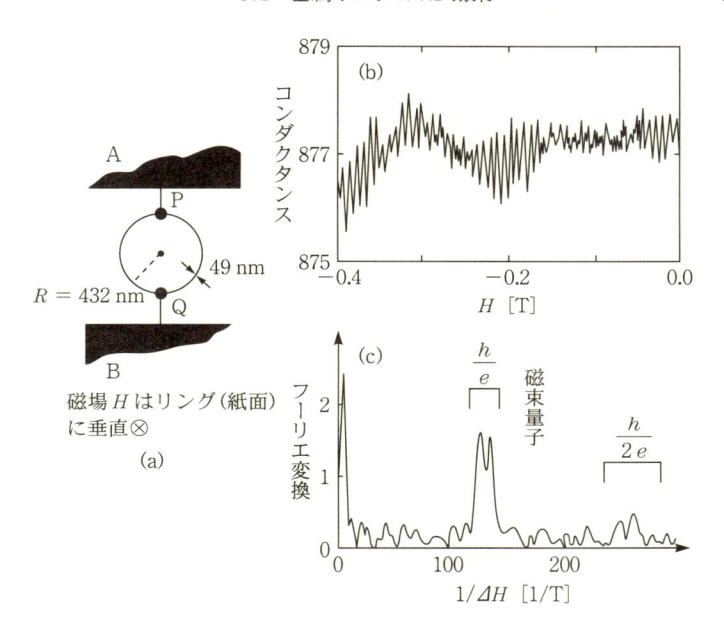

図 9.3 金属リングでの AB 効果 (線幅 49 nm, リング直径 825 nm)[10]

であり (磁気抵抗の周期的な変化が観測されている), 図 9.3(c) はこれをフーリエ変換したものである. フーリエスペクトルには 2 つのピークがみられる. リングが囲む面積を S として, リングを貫く磁束 $\phi = BS$ の周期で調べると, 図 9.3 の 2 つのピークは h/e および $h/2e$ に対応している. h/e の振動は AB 干渉の効果である.

AB 効果を観測するためには, リングを構成する細線の幅が十分細いことが必須である. 幅が細くないと電子の経路としてさまざまなものがあり, 各々がばらばらの位相で干渉するために量子干渉効果は統計平均によって消えてしまうのである.

では, $h/2e$ の周期は何だろうか. 次節で述べよう.

9.3 AAS 効果

図 9.4 のように，最も単純なものの一つとして散乱を描く．2 つの経路があり，図 (a) は半周して干渉するもので，AB 効果である．図 (b) は，1 周して元に戻り，さらに半周する経路で，すべての経路は同じ面積を囲む．この場合，右回りと左回りの位相差の磁束による電気抵抗の変化分は $2\phi/(e/h)$ である．このような場合の振動周期は $h/2e$ である．結局，この振動は前節から問題となっているもので，**AAS 効果**とよばれる．この効果を予言したアルトシューラー－アロノフ－スピヴァック（<u>A</u>ltshuler－<u>A</u>ronov－<u>S</u>pivak）の頭文字をとっている．この効果はアンダーソン局在の一種である．

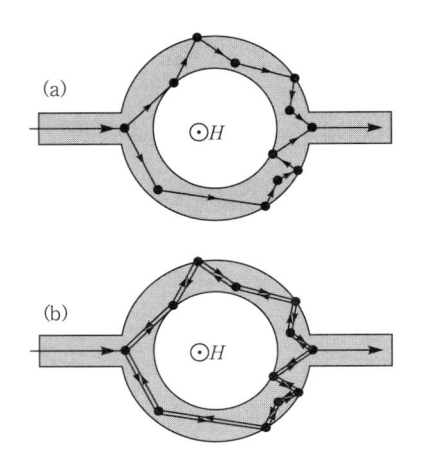

図 9.4 AAS 振動 (a) と AB 振動 (b) の電子経路の違い

図のリングを 1 周（右回りと左回り）した電子波は，同じ経路を辿る限り，出発点に戻ったときに互いに強め合う．そのため，互いに逆向きの電子波量子干渉は，同じ不純物ポテンシャルによる弾性散乱を受けて，出発点での電子の存在確率を高めるようにはたらく．リングを磁束が貫く場合には AB 位相が付け加わるので，干渉の様子はリングを貫く磁束に対して周期的に変動する．その周期は $h/2e$ である．分母が $2e$ であるのは，同じ経路を互いに逆向きに回る電子波の干渉であること，いいかえるとリングを 2 周していることの反映である．

9.4 磁気指紋と普遍的伝導度ゆらぎ

試料の形がリング状でなく，棒状あるいは線状であっても電子波の干渉は生ずる．図9.5は，不純物をドープしたシリコン半導体を，幅 0.14 μm，0.08 μm，0.05 μm の細線に加工した試料における低温での磁気抵抗のデータである．それらの試料には散乱体がランダムに配置している．異なる経路を辿ってきた電子波は互いに特別な関係をもたないので，干渉効果は統計平均で消えてしまう．ここで，途中で弾性散乱を受けながら同一経路を互いに逆向きに辿る電子波を考えると，各散乱過程は互いに時間反転対称の関係にあり，

$$\langle \bm{k} | V | \bm{k}' \rangle = \langle -\bm{k} | V | -\bm{k}' \rangle \tag{9.7}$$

という関係が成り立つ．

あらゆる経路について，ある電子波とそれを時間反転した電子波とは互いに強め合うから，出発点に電子を見出す確率はそのような干渉効果を考えな

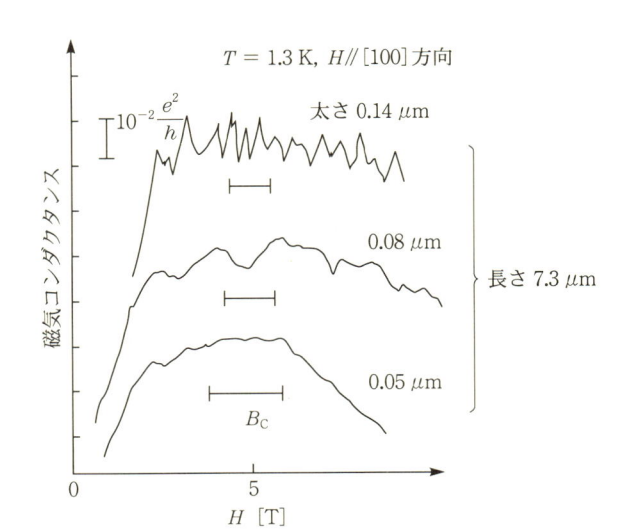

図 9.5　n^+Si 細線の電気伝導度のゆらぎ

い場合よりも高くなる．つまり，他の場所への拡散が抑えられる．経路に対して垂直に磁場 H がかかった場合，電子波には AB 位相が付け加わる．

図9.5のコンダクタンスの磁場依存性にはランダムなゆらぎがみられる．図中に示された縦バーは $10^{-2}e^2/h$ を示す．普遍定数 e^2/h によって記述される現象ということで，これを**普遍的伝導度ゆらぎ**（universal conductance fluctuation : UCF）という．

ここに例示した伝導度のゆらぎは，磁場の掃引ごとに異なるような普通のノイズではなく，再現性のあるゆらぎである．ゆらぎのパターンは試料ごとに異なるので，試料の個性を反映しているという意味で，**磁気指紋**（magneto fingerprint）とよばれている．

9.5 量子ポイントコンタクト

GaAs/AlGaAs ヘテロ構造の2次元電子系に，図9.6(a)のようなゲート電極を付けた構造は量子ポイントコンタクト（QPC）とよばれる．ゲート電極に負のバイアス電圧をかけると，その直下の部分の電子が空乏化するので，狭い間隙部分によって左右の2次元電子系領域がつながった状況となる．負のバイアスを大きくすると間隙部分の実効的な幅 W が狭まっていって，ついには閉じられる，これを**ピンチオフ**という．

間隙部分の有効幅 W が電子のフェルミ波長と同程度ないし数倍という状況では，間隙を通る1次元的な伝導チャンネルとして1～数本だけ残るという状況が実現できる．電子が QPC をバリスティックに通過するものとすれば，各々の1次元チャンネルは $2e^2/h$ というコンダクタンスをもたらす．

QPC のゲート電圧を変化させて抵抗を測定すると，抵抗値はピンチオフに向かって増大するが，その増大は単調ではなくて階段状に起こる．実測された抵抗から QPC の両側の広い部分の直列抵抗に相当する分を差し引いて

9.5 量子ポイントコンタクト

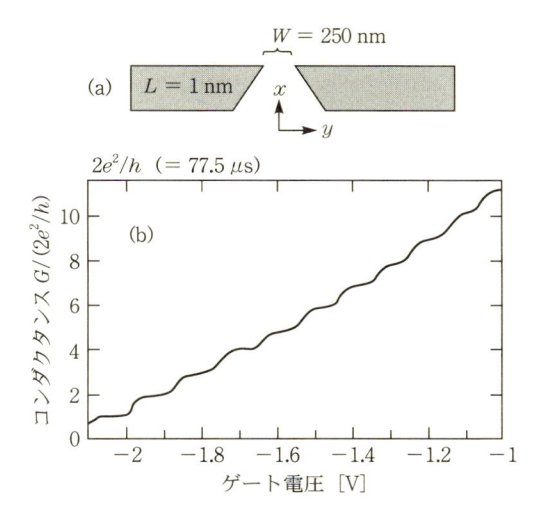

図 9.6 (a) 量子ポイントコンタクトの構造[11]
(b) 量子ポイントコンタクトのコンダクタンスのゲート電圧依存性

逆数をとることにより，QPC のコンダクタンスが得られる．図 9.6(b) はそれを示したものであるが，バイアス電圧に対して階段状に変化し，しかもそのステップが $2e^2/h$ の整数倍になっていることがみてとれる．これは**コンダクタンスの量子化**とよばれる現象である．

図を引用,参考にした書籍・文献

1) 日本金属学会編:「金属物性基礎講座4巻 金属電子論 I 」(1984, 丸善)
2) G. Dresselhaus, A. F. Kip, C. Kittel : Phys. Rev. **98** (1955) 368
3) A. F. Kip, D. N. Langenberg, T. W. Moore : Phys. Rev. **124** (1961) 359
4) N. W. Ashcroft and N. D. Mermin : *Solid State Physics* (Saunders College Publishing, 1975)
5) H. Suematsu and S. Tanuma : J. Phys. Soc. Jpn. **33** (1972) 1619
6) J. L. 01sen : Electron Transport In Metals (Interscience Publishers (1962) 68)
7) J. L. 01sen : Electron Transport In Metals (Interscience Publishers (1962) 39)
8) P. Monad : Phys. Rev. Lett. **19** (1967) 1113
9) W. M. Lomer : Proc. Phys Soc **80** (1962) 489
10) R. A. Webb, S. Washburn, C. P. Umbach and R. B. Laibowitz : Phys. Rev. Lett. **54** (1985) 2696-2699
11) B. J. van Wees, H. van Houten, C. W. J. Beenakker, J. G. Williamson, L. P. Kouwenhoven, D. van der Marel and C. T. Foxon : Phys. Rev. Lett. **60** (1988) 848-850
12) Traüble and Essmann : Phys. Stat. Sol. **25** (1968) 395

索　引

ア

RKKY 相互作用　RKKY interaction 101
アクセプター（電子受容体）　acceptor 72
アズベル‐カーナー共鳴　Azbel‐Kaner effect 26
アブリコソフ格子　Abrikosov lattice 114
アハロノフ‐ボーム効果　Aharonov‐Bohm effect 137
アモルファス（非晶質）　amorphous 2
アンダーソン局在　Anderson localization 132

ウ

ウィグナー結晶　Wigner crystal 131
ウィルソン転移　Wilson transition 130

エ

AAS 効果　AAS effect 140
LA フォノン　LA phonon 52
SWM モデル　SWM model 62
エネルギー・ギャップ　energy gap 13

オ

音響モード　acoustic mode 52

カ

可変長ホッピング　variable range hopping 133
干渉関数　interference function 98

キ

逆格子空間の単位ベクトル　unit vectors in reciprocal space 10

ク

空格子　empty lattice 18
クーパー対　Cooper pair 109

ケ

結晶　crystal 2
　ウィグナー——　Wigner—— 132

コ

広域ホッピング　variable range hopping 133
光学モード　optical mode 52
格子振動　lattice vibration 49
コヒーレンス長　coherence length 113
コーン異常　Kohn anomaly 115, 117
混合状態　mixed state 113, 114
コンダクタンスの量子化　conductance quantization 143
近藤効果　Kondo effect 101

サ

サイクロトロン共鳴　cyclotron resonance　25
サイクロトロン質量　cyclotron mass　25
サイクロトロン波　cyclotron wave　91

シ

磁気貫通　magnetic breakdown　83
磁気指紋　magnetic finger print　142
磁気抵抗　magnetic resistance　58, 64, 75
磁気プラズマ波　magneto-plasma wave　91
縮退半導体　degenerate semiconductor　18
真性半導体　intrinsic semicondnctor　69
侵入長　penetration depth　107

ス

スピン常磁性　spin paramagnetism　34
スライディング　sliding　122

セ

正孔　positive hole　21
整合非整合転移　commensurate-incommensurate transition　125

タ

第1ブリルアン・ゾーン　first Brillouin zone　11
第Ⅰ種超伝導体　superconductor of the first kind　112
第2ブリルアン・ゾーン　second Brillouin zone　11
第Ⅱ種超伝導体　superconductor of the second kind　112

テ

TOフォノン　TO phonon　52
ディングル温度　Dingle temperature　47
デバイ温度　Debye temperature　55
デバイ振動数　Debye frequency　54
電荷密度波　charge density wave　123
電子供与体（ドナー）　donor　72
電子受容体（アクセプター）　acceptor　72
伝導電子　conduction electron　2

ト

閉じた軌道　closed orbit　78
ドナー（電子供与体）　donor　72
ド・ハース-ファン・アルフェン効果　de Haas-van Alphen effect　36, 45
ド・ハース-ファン・アルフェン振動数　de Haas-van Alphen frequencies　48
ド・ブロイ波　de Broglie wave　1
トーマス-フェルミ近似　Thomas-Fermi approximation　116

ネ

ネスティング　nesting　122

索引

ハ

パイエルス転移　Peierls transition　120
パウリ常磁性　Pauli paramagnetism　34
パウリの排他律　Pauli exclusion priciple　87
波数　wave number　1
パルス（脈動波）　pulse　5

ヒ

BCS理論　BCS theory　108
非晶質（アモルファス）　amorphous　2
開いた軌道　open orbit　78
ピンチオフ　pinch off　142
ピン止め　pinning　115

フ

ファン‐リューエンの定理　van Leeuwen theorem　29
フェーゾン　phason　121
フェルミ球　Fermi sphere　7
フェルミ半径　Fermi radius　7
フォノン　phonon　49
不純物半導体　impurity semiconductor　72
普遍的伝導度ゆらぎ　universal conductance fluctuation（UCF）　142
プラズマ振動数　plasma frequency　86
ブラッグの関係　Bragg relation　8
ブリルアン・ゾーン　Brillouin zone　11
ブロッホ‐グリュナイゼンの式　Bloch‐Grüneisen equation　100
ブロッホ振動　Bloch oscillation　21
ブロッホの定理　Bloch's theorem　22, 24
分散関係　dispersion relation　1

ホ

ボース‐アインシュタイン凝縮　Bose‐Einstein condensation　104
ホール　hole　21
ホール効果　Hall effect　75
ボルツマン方程式　Boltzmann's equation　94

マ

マイスナー効果　Meissner effect　106
マチーセンの法則　Mathiessen's law　98

ミ

脈動波（パルス）　pulse　5

モ

モット転移　Mott transfer　87, 131
モンスター　monster　58

ユ

有効質量　effective mass　20

ラ

ランダウ準位　Landau level　31
ランダウ・パラメーター　Landau parameter　91
ランダウ反磁性

Landau diamagnetism　36, 38

リ

量子極限　quantum limit　33
量子磁束　quantum magnetic flux　33

ロ

ロンドン方程式　London equation　107

著者略歴

田沼静一（たぬませいいち）

1922年 函館に生まれる．1945年 東北大学理学部物理学科卒業．東北大学金属材料研究所助手，助教授，東京大学物性研究所教授，群馬大学工学部教授，いわき明星大学理工学部教授(物性学科)を歴任．東京大学名誉教授．理学博士．

電子伝導の物理

2008年4月25日　第1版発行

検印省略		
定価はカバーに表示してあります．		

著　者　田　沼　静　一
発行者　吉　野　和　浩
発行所　〒102-0081東京都千代田区四番町8-1
　　　　電　話　03-3262-9166〜9
　　　　株式会社　裳　華　房
印刷所　中央印刷株式会社
製本所　牧製本印刷株式会社

NSPA 自然科学書協会
社団法人 自然科学書協会会員

JCLS 〈㈱日本著作出版権管理システム委託出版物〉
本書の無断複写は著作権法上での例外を除き禁じられています．複写される場合は，そのつど事前に㈱日本著作出版権管理システム（電話03-3817-5670，FAX 03-3815-8199）の許諾を得てください．

ISBN 978-4-7853-2914-3

© 田沼静一, 2008　Printed in Japan

2008 年 4 月現在

著者	書名	定価
大澤・小保方 著	レーザ計測	3255円
大津 元一 著	入門 レーザー	2940円
〃	量子エレクトロニクスの基礎	5565円
江尻 宏泰 著	クォーク・レプトン核の世界	2310円
小林 浩一 著	光物性入門	3360円
田中 晧 著	分子物理学	2625円
上原 顯 著	分子シミュレーション	5670円
太田 隆夫 著	非平衡系の物理学	3570円
安岡・川畑 編	遍歴電子系の磁性と超伝導	4515円
日本物理学会 編	21世紀、物理はどう変わるか	4410円

物理学選書

No.	著者	書名	定価
1.	霜田 光一・桜井 捷海 著	エレクトロニクスの基礎 (新版)	4935円
3.	高橋 秀俊 著	電磁気学	6195円
4.	近角 聰信 著	強磁性体の物理 (上) ―物質の磁性―	5565円
14.	今井 功 著	流体力学 (前編)	7140円
18.	近角 聰信 著	強磁性体の物理 (下) ―磁気特性と応用―	6930円
22.	辻内 順平 著	ホログラフィー	6300円
23.	上田 和夫・大貫 惇睦 著	重い電子系の物理	5460円

応用物理学選書

No.	著者	書名	定価
4.	桜井 敏雄 著	X線結晶解析の手引き	5670円
8.	吉田 善一 著	マイクロ加工の物理と応用	4410円
9.	小川 智哉 著	結晶工学の基礎	5355円

物性科学入門シリーズ

高重 正明 著	物質構造と誘電体入門	3675円
竹添・渡辺 著	液晶・高分子入門	3675円

物性科学選書

津田・那須・藤森・白鳥 共著	電気伝導性酸化物 (改訂版)	7875円
中村 輝太郎 編著	強誘電体と構造相転移	6300円
安達 健五 著	化合物磁性 ―局在スピン系	5880円
安達 健五 著	化合物磁性 ―遍歴電子系	6825円
近角 聰信 著	物性科学入門	5355円
鹿児島 誠一 編著	低次元導体 ―有機導体の多彩な物理と密度波―	5670円
朝山 邦輔 著	遍歴電子系の核磁気共鳴	3990円

裳華房ホームページ　http://www.shokabo.co.jp/